공학의 마에스트로

산업
공학

공학의 마에스트로

산업 공학

대한산업공학회

청문각

공학의 마에스트로 산업공학

2010년 1월 20일 제1판 1쇄 펴냄 | 2017년 10월 31일 제1판 11쇄 펴냄
지은이 김정룡 · 류홍서 · 박기진 · 박유진 · 이영훈 · 최기석 · 허 선
펴낸이 류원식 | 펴낸곳 **청문각출판**

편집부장 김경수 | 본문편집 홍익 m&b | 표지디자인 유선영
제작 김선형 | **홍보** 김은주 | 영업 함승형 · 박현수 · 이훈섭
주소 (10881) 경기도 파주시 문발로 116(문발동 536-2)
전화 1644-0965(대표) | 팩스 070-8650-0965
등록 2015. 01. 08. 제406-2015-000005호
홈페이지 www.cmgpg.co.kr | E-mail cmg@cmgpg.co.kr
ISBN 978-89-6364-229-1 (03400) | 값 10,000원

**이 책은 한국과학기술단체총연합회의
일부 재정 지원에 의하여 발간되었습니다.**

서 문

평소 주위 사람들로부터 자주 듣는 질문이 있습니다. '산업공학은 무엇을 배우는 학문입니까?', '산업공학이 기계공학이나 경영학과 다른 점은 무엇입니까?', '산업공학을 전공하면 어떤 회사, 어떤 부서에서 무슨 일을 하게 됩니까?' 독자들은 이들 질문에 대한 답을 이 책을 통해 찾을 수 있을 것입니다. 시중에 대학에서 사용하는 개론 형식의 전문서적들은 많이 출간되어 있지만, 고등학생이나 일반인들이 산업공학을 쉽게 이해할 수 있는 내용의 책은 찾기가 쉽지 않습니다. 이러한 필요에 부응하여 대한산업공학회가 이 책을 편찬하게 되었습니다.

산업공학은 산업시스템을 구성하는 모든 분야를 조화롭게 설계, 계획, 관리하는 방법을 다루는 학문입니다. 산업공학 전공자는 경영 마인드를 바탕으로 다기능 기술을 갖추고 고도화된 지식경제 사회를 주도적으로 리드해 가는 '산업' 오케스트라의 지휘자 역할을 수행합니다. 이 책을 통해 많은 젊은이들이 산업공학을 이해하고 흥미를 느껴 미래에 산업공학 전공자로서 국가 산업발전에 동참하게 되기를 기대해 봅니다.

이 책이 출판되기까지 편찬위원장으로서 수고를 아끼지 않은 허선 교수님을 비롯한 편찬위원 여러분들께 깊은 감사를 드립니다.

Industrial Engineering is future!!

대한산업공학회 회장

차 례

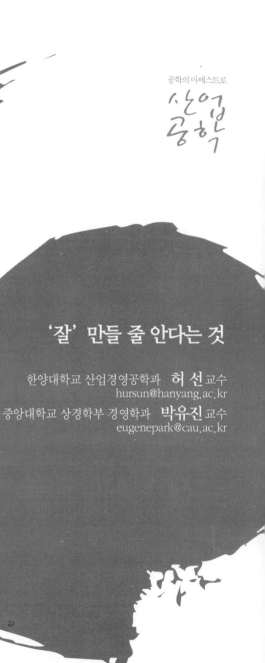

공학의 마에스트로
산업
공학

'잘' 만들 줄 안다는 것

한양대학교 산업경영공학과 **허 선** 교수
hursun@hanyang.ac.kr

중앙대학교 상경학부 경영학과 **박유진** 교수
eugenepark@cau.ac.kr

'잘' 만들 줄 안다는 것

나도 잘 하고 싶다!

고등학교 2학년 박모 군은 아까부터 가슴 졸이며 받아든 중간고사 성적표를 보고는 저도 모르게 한숨소리와 함께 탄식을 합니다.

> "아놔, 이번 시험 정말 열공했는데……. 코피만 안 났지, 정말 이렇게 열공한 적 없는데 성적은 왜 이리 개념이 없을까? 옆자리의 짝꿍 녀석은 나보다 훨씬 조금 공부한 것 같던데 이번에도 석차는 나보다 한참 앞이네. 도대체 이 녀석에게는 어떤 포스가 숨어 있는 걸까?"

태어날 때부터
스타 잘 하는 사람이
어딨어?.....
어?......

이번에는 방과 후 천하무적 고등학교 근처의 PC방.

이모 군은 오늘도 일대일 스타크래프트 게임에서 지고는 옆에 앉아 있는 형에게 하소연을 하고 말았습니다.

"헐, 오늘도 결국 스타 1대1에서 밀리고 말았네. 물량도 이 정도면 괜찮았고 타이밍도 나쁘진 않았는데, 초반에 꼭 상대방 수비를 못 뚫고 결국은 진단 말이지."

이 군의 말에 형은 자신만만한 목소리로 말했습니다.

"음, 초반에 수비를 못 뚫고, 상대는 네가 물량에 투자한 자원을 테크에 투자하니까 결국은 지게 된다는 그런 말이지? 야, 그런 건 스타의 달인인 이 형님께 진작 물어봤어야지. 정찰과 자원관리가 전략시뮬레이션게임의 필수라는 거 몰라? 자원관리를 잘하고 상대 전략에 따라서 대처를 잘했어야지."

서울 태평로에 자리잡은 화성전자에 입사한 지 한 달도 안 된 새내기 유구한은 사수 김 대리의 바가지에 자존심이 상했습니다.

공학의 마에스트로, 산업공학

"요즘 신입사원들 똘똘하고 눈치 빨라서 하나를 가르쳐주면 벌써 세 가지를 끝낸다던데, 이 친구는 둘을 가르쳐 주면 하나를 잊어 먹나봐. 아니, 보고서 파워포인트 자료 수정 좀 해두라고 한 거 어제인데 아직도 다 못했어?"

그러자 억울한 새내기 사원 유구한의 항변.

"과장님이 어제 오후에 다른 일을 시키셔서 그거 하느라 늦었습니다."

하지만 작렬하는 김 대리의 펀치에 결국 항복선언을 해야 했습니다.

"이 사람아. 그게 뭐가 힘들다고 그 두 가지를 한꺼번에 못해? 나 신참 때는 한꺼번에 5~6개 일을 하는 게 보통이었어. 기획실에 새로 온 신참은 일 잘한다던데, 똑같은 입사동기일 텐데 왜 이렇게 다를까?"

다른 집 자녀와 비교하여 야단치는 것이 교육적으로 가장 좋지 않은 방법이고, 또 가장의 기를 확실하게 꺾는 방법은 앞집 남편의 월급이 우리집보다 많다는 점을 친절하게 알려주는 것임은 누구나 모르는 바가 아니겠죠. 하지만 어쩌겠습니까. 나 자신부터도 어느 틈엔가 나를 다른 사람하고 견주어 비교하게 되는 것을. 나보다 적은 시간을 공부하고서도 좋은 성적을 받은 짝꿍 녀석의 공부비법을 캐고 싶어지고, 내가 스타 1대1에서 항상 지는 것은 컴퓨터 게임에 소질이 없는 것은 아닌가 의심도 들며, 기획실의 입사동기 녀석과 같은 일처리 능력을 가르쳐 주지 않은 모교 교수들에게 괜히 섭섭한 마음이 들기도 했습니다.

"같은 노력을 들이고도 성적이 잘 나오도록 하는 공부방법이 있을 텐데!"
"누구는 태어날 때부터 스타 잘했나? 뭔가 잘 하는 비법이 있을 테지!"
"나도 일 잘하는 사원이고 싶다!"

'잘' 만드는 공학, 산업공학

들이는 시간과 노력은 똑같다고 할 때 성적이 차이 나는 이유를 공학적으로 설명할 수 있을까요? 그런데 공학이란 게 뭘까요? 인터넷에 들어가 위키백과에서 공학(工學: engineering)이라는 키워드를 쳐보세요. 그러면 '주어진 천연자원을 인간의 삶에 유익하게 변환하거나 개발시키는 모든 수단과 이와 관련된 지식' 이라고 뜰 것입니다. 공학을 설명하는 책에서는 공학을 '재료를 가지고 인간에게 유익한 물건이나 서비스를 만들어 내는 방법을 배우는 학문' 이라고 나와있기도 합니다. 그렇다면 이왕이면, 정말 같은 값이면 '재료를 가지고 인간에게 유익한 물건이나 서비스를 잘 만들어 내는 방법을 배우는 것'은 어떨까요? 남들도 다 열심히 재료를 가지고 인간에게 유익한 물건이나 서비스를 만들어 내고 있을 텐데, 그들보다 내가 더 잘 만드는 방법은 없을까요?

혹시 그런 방법이 있다면, 그 원리를 활용하여 공부하는 방법에 참고하면 어떨까요? 같은 시간 들이고, 같은 참고서 보면서 이왕이면 학습효율이 더 높아서 공부를 잘 하게 되는 방법이 있지 않을까요? 보고서 자료 빨리 작성하고, 경제지표 그래프로 그리는 작업은 그리 오래 걸릴 일이 아닌데, 뭘 어떻게 했길래 혼나도록 질질 끌었을까 하는 생각이 들겠죠? 비행기나 자동차 같은 물건을 잘 만들어 내는 방법들을 활용한다면 사무실에서 일하는 데에도 똑같이 적용될 수 있지 않을까 하는 생각이나 형이 얘기한 자원관리를 잘하고 상대 전략에 따라서 대처를 잘하는 방법이라는 것이 도대체 뭘까? 등등의 생각들로 머리가 터질지도 모르겠군요.

잘 만든다는 것은 무슨 뜻?

좀 더 파고 들어가 보도록 합시다. 물건이나 서비스를 잘 만든다는 것은 무슨 뜻일까요? 좋은 재료를 쓰면 되는 건가요? 좋은 재료는 대개 비싸니까, 돈 많이 들여서 비싼 재료 사다가 물건이나 서비스를 만드는 것은 누구나 할 수 있는 것이니 '잘' 만든 거라 하기에는 좀 그런 것 같아요. 하지만 재료의 배합 방법을 개선하여 재료를 낭비하지 않거나 만드는 시간을 줄이거나 하면 잘 만든 것이라고 할 수 있을 것 같습니다. 만드는 과정을 바꾸어서 더 빨리 만들거나 도구를 덜 쓰고 이리저리 옮기는 거리를 줄여서 만드는 것도 잘 만든 것이겠지요. 요즘은 소비자가 왕인 시대니까, 소비자가 사용하기 편하게, 제대로 사용할 수 있게, 오래 쓸 수 있게 해 주는 것도 잘 만든 제품이나 서비스라 할 수 있을 것입니다.

이제 어느덧 몸의 일부처럼, 또는 편안한 속옷처럼 한시도 떨어진다는 것을 상상조차 하기 싫은 휴대폰을 놓고 생각해 봅시다. 위키백과에서 나온 대로라면 주어진 천연자원(원유-플라스틱, 금속)을 인간의 삶에 유익(원거리 통신)하게 변환시킨 휴대폰은 틀림없는 공학의 결과물이며 최첨단 IT 제품이라 할 수 있는데, 이것을 우리나라 사람들이 잘 만든 덕에 세계 시장에서 팔리는 10대의 휴대폰 중에 3대 정도가 우리나라 제품이라고 합니다. 또 세계에서 두 번째와 세 번째로 많이 팔리는 제품을 우리나라 기업들이 만들고 있다는 기사도 본 적이 있습니다. 요즘 같은 세계적인 경기불황 속에서도 우리나라 업체들만 판매량과 점유율이 올라가고 있는데, 도대체 어떻게 잘 만들었길래 그럴까요?

잘 만든 휴대폰은 고장이 잘 나지 않아야 함은 기본이겠지요. 요즘 잘 만들어진 휴대폰은 통화하다가 손에서 미끄러져 시멘트 바닥에 떨어뜨리거나, 세수하다 세면대의 물 속에 퐁당 빠뜨리는 것 이외에는 고장나서 버리는 일은 거의 일어나지 않는 것 같습니다. 하지만, 휴대폰 업체에서는 손에서 미끄러지는 실수도 방지하도록, 물속에 빠뜨려도 회로에 이상이 없도록 계속 연구하고 있을 것입니다.

그런데 어떻게 만들어야 고장 안 나고 오래 쓸 수 있을까요? 좋은 재료나 부품을 써야 하는 것은 당연하지만, 구매 담당자가 좋은 재료나 부품을 고를 줄 아는 안목도 있어야 하겠지요? 또 생산라인에서는 미리 정해진 순서대로, 초보 작업자라도 그 순서를 따라가기만 하면 최고 품질의 제품이 나올 수 있도록 제품공정과 라인을 설계해야 할 것입니다.

공정관리와 품질공학

제대로 된 방법으로 만드는 것도 매우 중요합니다. 휴대폰 만드는 방법쯤은 많은 전자, 컴퓨터, 기계 관련 연구자들과 기술자들이 노력하여 만들어 낸 방법과, 오랜 세월에 걸쳐 쌓은 경험과 노하우대로 만들면 될 것입니다. 하지만 휴대폰에 들어가는 반도체만 해도 수백 대의 기계장치와 수백에서 수천 단위의 공정을 거쳐서 생산되는데, 이렇게 제품 만드는 과정을 미리 검토하고 연구하여 가장 적합한 순서와 방법을 찾아내는 것을 기업에서는 공정설계(Manufacturing Process Design)라 부릅니다. 주로 제조공학(Manufacturing Engineering)이라고 하는 범주에 속하여 대학의 산업공학 관련학과에서 이런 내용들을 배우게 됩니다.

만드는 과정이 매우 복잡하고 공정이 길면, 어쩔 수 없이 잘못된 제품들이 섞여 나오게 마련입니다. 단 한 개라도 잘못된 제품이 나온다면, 잘못된 원인을 찾아서 고치지 않으면 그 후의 모든 과정은 헛심만 쓰고 결국 불량품을 열심히 만들어 낸 꼴이 될 것입니다. 그러므로 계획한 대로 제대로 만들어지고 있는지 끊임없이 감시할 필요가 있습니다. 또 불량한 부속품이나 반제품이 중간에 발견되었을 경우, 도대체 그 이전 어느 공정에서 어떤 문제가 있었는지 알아낼 수 있어야 합니다. 이런 일련의 활동들을 기업에서는 품질관리(Quality Control) 또는 보다 더 큰 의미로 확대하여 품질공학(Quality Engineering)이라고 부릅니다.

감성공학과 인간공학

요즘 휴대폰을 2~3년 쓰면 지겨워지죠? 처음 샀을 때 아까워서 액정화면의 비닐보호막도 떼지 못하고 사용하던 기분은 온데간데없고, 핸드백 속에 아무렇게나 쑤셔 넣거나 침대 위에 휙 던져버리다가 바닥에 떨어뜨려도 아무렇지도 않

왜? 그것도 디자인 때문이냐?

죠? 모르긴해도 여러분은 멀쩡하게 통화도 잘 되고 모든 기능이 다 이상 없어도 대리점에 나와 있는 새 휴대폰을 기웃거린 적도 있었을 것입니다. 새 휴대폰의 어떤 점에 마음이 끌렸을까요? 아마도 디자인 때문일 것입니다. 모든 사람들이 각자 개성 있고 취향도 달라 좋아하는 디자인도 다르지만, 대부분의 사람이 '야! 이거 잘 만들었네!' 하고 소리치게 만드는 디자인이 있게 마련이니까요. 그런 것은 가격이 비싸도 잘 팔립니다. 소비자가 어떤 디자인을 좋아하는지 소비자 마음속에 숨어있는 감성과 느낌을 끄집어내는 것이 중요합니다. 그리고 그것을 이른바 공학적 용어로 바꾸어 설계자와 생산자가 제품에 반영할 수 있도록 하는 방법도 준비되어 있어야 합니다. 공학 용어로는 감성공학(Human Sensibility Ergonomics)이라고 합니다.

당연한 얘기지만, 좋은 휴대폰은 사용하기 편해야 합니다. 사용하기 편하도록 휴대폰 메뉴 구성을 어떻게 할 것인지는 휴대폰 설계에 있어서 매우 중요한 문제라 할 수 있지요. 이미 사용자들에게 익숙한 메뉴구성을 기본으로 해서 새로운 기능을 어떻게 추가하여 소비자들이 사용하기 쉽게 할 것인가를 연구할 필요가 있습니다. 휴대폰에서 문자를 보내거나 저장된 주소를 찾아야 할 때 눌러야 하는 버튼의 개수는 그 휴대폰의 메뉴구성의 편의성을 가늠하는 척도가 됩니다. 휴대폰뿐만 아니라 상업용 소프트웨어에서도 그 프로그램을 처음 설치할 때 컴맹인 사람들도 쉽게 설치할 수 있도록 설치단계의 수, 즉 클릭수가 얼마나 적은가를 기준으로 잘 만든 프로그램과 그렇지 못한 프로그램을 나누고 있습니다. 크게 보아 이를 소비자의 사용성(usability)이라고 하는데, 잘 알려진 인간공학(Human Factors Engineering)의 한 영역이기도 합니다.

고장도 안 나고, 제대로 된 공정을 거쳐 만들었으며, 디자인도 수려하고, 게다가 사용하기도 편하다면 따봉이겠지요. 하지만 그런 제품은 대개 가격이 비쌉니다. 잘 만들었는데 비싸다면 그건 잘 만든 것이라고 할 수 없을 것입니다. 왜냐하면 누구나 할 줄 아는 것을 잘 한다고 해서 우리가 잘 한다고 하지 않으니까요. 하지만 고장이 적고 디자인도 좋고 사용성도 높이려면 많은 장비에 많은 시간에 많은 인력이 필요하며 그러자면 원가가 올라가고 회사의 수지를 맞추기 위해 판매가는 더 높아질 수밖에 없겠지요. 그렇다면 만드는 과정 어디서 원가를 줄여 가격을 어떻게 낮출 수 있을까요? 사장님은 애써 개발한 MP3 신모델의 두께를 5밀리미터 정도 더 줄이라고 하시는데, 이제는 더 이상 부품을 구겨넣을 수 없다고 개발진들은 아우성칩니다. 이처럼 주어진 제약 속에서 최저의 비용을 들여 목표로 하는 제품

공학의 마에스트로, 산업공학

을 만들고 최고의 이익을 내도록 하는 방법을 기업에서는 주로 산업공학 관련학과를 졸업하고 그 가운데 특히 OR(Operations Research)를 전공한 직원들이 전담하고 있습니다.

'잘' 만든다는 것과 효율이 높다는 것

공학용어(engineering phrase)라는 말이 있습니다. 우리가 휴대폰을 사용하거나 평가하면서 일상생활에서 편하게 사용하는 '가볍다, 시끄럽지 않다, 싸다' 와 같은 말들을 제품개발에 반영하기 위해서는 이를 공학적인 용어로 바꿔야 합니다. 예를 들어 '가볍다' 는 '250그램 미만', '시끄럽지 않다'

는 '60 데시벨 이하' 라든지 '싸다' 의 기준은 '9만 원대' 등으로 말입니다. 이처럼 우리 일상생활에서 언제나 편하게 쓰는 '잘' 이라는 말을 공학용어로 '효율' 로 바꿀 필요가 있습니다. 가령 '공부를 잘하기 위해서', '일을 잘하기 위해서', 그리고 '스타크래프트를 잘하기 위해서' 를 '공부를 효율적으로 하기 위해서', '일의 효율성을 높이기 위해서', '상대 전략에 따라서 효율적인 대처를 하기 위해서' 라고 하는 식으로 말입니다. 잘 만든 것은 효율이 높고, 효율이 높으면 잘 만든 것이니까요.

효율은 들인 비용에 비해 그 효과가 얼마나 나타나는지에 따라 크고 작음이 결정됩니다. 이를 공식으로 정리하자면 아래와 같습니다.

$$효율 = \frac{효과}{비용}$$

또는

$$효율 = \frac{산출물의\ 양}{입력물의\ 양}$$

쉽게 설명하자면 '들어간 것에 비해 얻은 것의 비중' 이라 할 수 있을 것입니다. 효율을 높이려면 효율을 나타내는 식의 분자인 '효과' 를 높이거나 '산출물의 양'을 늘려야 할 것입니다. 하지만 이렇게 하는 것보다도 분모인 '비용' 이나 '입력물의 양' 을 줄이는 것이 더 쉬울 때도 있습니다. 예를 들어 100만 원 어치의 부품을 사서 조립하여 만든 완성품을 130만 원을 받고 팔았을 때, 효율은 130만 원 ÷ 100만 원 = 1.3입니다. 그런데 이 효율을 1.5로 높이고 싶다면, 즉 장사를 더 '잘' 하고 싶다면 가격을 150만 원으로 올릴 필요가 있습니다. 그런데 가격이 더 비싸졌으니 팔기가 힘들겠죠? 그러면 효율 달성은 힘든 일이 될까요? 그렇지만 완성품의 판매가격 130만 원을 그대로 두고, 설계를 개선해서 필요한 부품수를 줄여 완성품을 만들기 위한 부품을 86만 7천 원에 구입할 수만 있다면 130만 원 ÷ 86만 7천 원 = 1.5의 효율을 달성할 수가 있습니다. 판매가격을 높이고 고객들이 사도록 하는 것은 '고객', 즉 나 아닌 타인의 행동에 효율향상의 성패를 맡기는 것이지만, 판매가격을 그대로 두고 자체적으로 노력하여 필요한 비용을 줄이는 것은 효율향상의 열쇠를 내가 가진다는 점에서 훨씬 쉬울 수 있습니다. 효과는 증가하면서 동시에 비용을 줄이거나, 또는 산출물은 많게 하면서 동시에 입력물의 양은 줄일 수 있다면 효율은 더 커질 것입니다.

효율 높이기 정신의 태동

아래 사진을 잘 보십시오. 사진의 주인공은 프레데릭 테일

러(Frederick Winslow Taylor: 1856~1915). 그는 지금으로부터 150여 년 전인 1856년에 미국에서 태어난 사람입니다. 이 사람이 바로 일을 '잘' 하는 방법을 처음으로 이론화하여 성과를 보고 이를 널리 알려 오늘날 효율적으로 일하는 방법을 제시해준 '효율의

프레데릭 테일러

아버지', '과학적 경영의 아버지'로 불린 사람입니다. 원래 법대에 입학해서 공부하다가 건강이 안 좋아서 여러분 또래인 18세에 학업을 중단하고 미드베일 철강회사라는 곳에 근무하게 됩니다.

테일러는 이 철강회사에서 근무하면서 좋지 못한 상황들을 많이 보게 되는데, 그 중 하나가 작업자들이 일을 열심히 하지 않고 농땡이를 부린다는 겁니다. 그런데 작업자들을 자세히 관찰하고 살펴보니, 작업자들을 탓할 일이 아니었습니다. 작업자들은 자기들이 열심히 해서 주어진 시간 동안 많은 일을 하여 생산성을 높이면 일거리가 곧 줄어들어서 결국은 일할 기회를 잃고 실업자가 될 것이라는 생각을 가지고 있었던 것입니다.

그러다보니 일을 더 빨리, 더 잘 하면 임금을 더 줘야 하는데 그렇지 않고 더 많이 하거나 빨리 해도 돈을 똑같이 주었기 때문에 작업자들은 자기네만이 알고 있는 노하우를 숨기고 농땡이 부리면서 일을 천천히 하는 것이 올바른 방법이라고 고용주들한테 주장합니다. 작업자들은 주어진 일을 빨리 처리하면 그렇게 하는 것이 새로운 표준, 기준이 될 것을 우려한 것이었습니다. 작업자들은 또 자기가 초보시절 숙련공에게 배웠던 방법만이 최고라고 생각하고 새롭고 더 나은 방법을 찾으려는 노력을 하지 않았습니다.

테일러는 이를 해결하기 위해 다양한 작업방법 가운데 최적의 것을 찾아내는 다양한 실험을 했습니다. 그 결과 다음과 같은 5가지 작업의 원칙을 정리했습니다. 그는 이것을 과학적 경영의 원리(Principles of Scientific Management)라고 불렀습니다. 그 내용을 한번 살펴볼까요?

> ▶ 작업자들에게는 높은 목표를 부여함
> ▶ 매일의 작업량은 과업을 신중하게 분석한 후 결정함
> ▶ 작업 환경은 신중하게 관리해야 함
> ▶ 과업을 반복함으로써 속도, 숙련도와 생산성을 높일 수 있음
> ▶ 보수는 생산성과 연결지어야 함

　읽어보니까 어떻습니까? 무슨 내용일지 잔뜩 기대했는데 너무 당연한 말만 늘어놔서 실망스럽다고요? 물론 오늘날 읽어보면 너무도 당연하고 새로울 것이 없는 밋밋한 내용이지만 당시 이 과학적 경영의 원리는 수많은 공장에 적용되어 기존 방법에 비해 3배 이상의 생산성을 높여주었지요. 이같은 원리가 적용된 예를 들면, 1913년 포드자동차는 섀시 위에 자동차 본체를 올리는 공정을 공장 외부에 설치하면서 대량생산 기법, 즉 '똑같은 자동차'를 계속 만들어내는 생산형식을 처음으로 도입하였지요. 지금은 전자회사나 봉제공장 등에서 너무도 흔히 볼 수 있는 방식이지만, 이같은 대량생산 방식, 즉 라인생산 방식은 가격을 대폭 낮

미시간주 하이랜드 파크의 포드 자동차 조립라인의 모습

추고 제품의 품질을 향상시키는 당시로서는 매우 혁신적인
생산기법이었습니다.

삽질하는 테일러

테일러의 또 다른 연구 중에는 '삽의 과학(Science of
Shovelling)'이라는 이름이 붙은 것이 있습니다. 시간연구
방법을 사용하여 테일러는 한 작업자가 한 번에 뜰 수 있는
한 삽의 무게는 21파운드, 즉 약 9.5킬로그램이 가장 적당
하다는 것을 알았습니다. 따라서 삽의 크기는 9.5킬로그램
을 뜰 수 있는 정도의 크기여야 했습니다. 하지만 작업자가
작업해야 하는 물질은 다양해서 어떤 경우는 무거운 쇳가
루나 자갈 등을 떠야 하고, 어떤 때에는 비교적 가벼운 모

공학의 마에스트로, 산업공학

래나 플라스틱 가루 등을 가지고 작업을 하므로, 각각의 작업을 할 때마다 삽의 크기는 9.5킬로그램을 뜰 정도로 맞추어야 했습니다. 이전까지는 똑같은 크기의 삽을 가지고 다양한 작업을 해 왔기 때문에 무거운 재료를 뜰 경우에는 금방 지치고 말았지요. 테일러의 연구 결과에 의해서 회사는 작업자들에게 한 삽의 무게가 정확히 9.5킬로그램이 되도록 삽을 제작하여 지급했습니다. 이로써 회사의 생산성은 3~4배가 증가하게 되었습니다. 그 결과 작업자들은 더 많은 보수를 받을 수 있었고, 회사도 작업자 수를 500여 명에서 140명 정도로 크게 줄일 수 있었습니다. 정말 획기적인 생산성 향상 방법이었지요. 테일러의 '과학적 삽질'은 작업 수행 방법에 혁신을 가져오는 출발점이 되었고, 그 원리는 '테일러리즘'이라고까지 불리면서 현재에도 이어져 내려오고 있습니다.

'과학적 삽질', 그 이후

테일러 이후 많은 사람들이 어떤 주어진 작업에 대해 최고의 성능과 결과가 어느 정도인지를 알아내기 위해서는 어떻게 해야 하며, 이 수준을 달성하기 위해서는 어떤 것이 필요한가를 실험하고 연구해왔는데, 대표적인 것이 시간연구(time study) 또는 시간동작연구(time and motion study)라

프랭크 길브레스와
리리안 길브레스 부부

할 수 있습니다. 고전적인 산업공학의 출발점이 된 이 연구는 프랭크 길브레스(Frank Gilbreth)와 리리안 길브레스(Lilian Gilbreth) 부부에 의해 시작되었습니다. 작업자가 어떤 일을 할 때 각각의 동작들을 하나하나 분해하고 각 개별 동작들의 동작시간을 스톱워치로 측정해 가면서 가장 적합한 동작을 찾아내어 최적의 작업방법을 결정하는 방법이었습니다. 길브레스 부부는 이처럼 작게 나눈 개별 동작을 17개로 정리하여 모든 동작은 이들 개별 동작의 합으로 구성된다고 정리했습니다. 이 17개 동작들은 길브레스(Gilbreth) 철자를 거꾸로(거의) 읽어 '서블릭(therblig)'이라고 이름붙였습니다.

어떤 주어진 작업은 몇 가지 개별 동작들의 합이며 따라서 이 개별 동작 시간을 다 합하면 그 작업의 총 작업시간이 된다고 합니다. 너무 어렵다고요? 그럼 예를 한번 들어볼까요? 어떤 작업의 총 작업시간이 1.84분이었다고 합시다. 그런데 관찰자가 보기에 이 작업자는 보통 상식적인 속도보다 약 10% 정도 빠르게 작업하였다는 주관적인 판단 하에, 수행도 계수를 1.10으로 두어 보통의 작업시간인 정규시간은 이 작업시간에 수행도 계수 1.10을 곱하여 1.84 × 1.10 = 2.02분을 얻게 됩니다. 그런데 작업자는 작업 중 화장실에 갈 수도 있고, 오랜 작업으로 피로해서 작업속도가 지연된다든지, 기계가 고장이 나거나 혹은 부품이 공급되지 않아 작업이 늦어지는 경우 등을 고려해야 하겠지요? 이것이 여유율인데 보통 10~20% 정도의 여유율을 고려하고 있지요. 위의 예에서는 20%의 여유율을 두어 결과적으로 표준시간은 2.02 × 1.20 = 2.42분이 되고, 이것이 하루의 생산목표량이나 임금결정 등에 기본 자료로 활용됩니다. 이같이 표준시간을 설정하기 위해서 선행되어야 하는 작업은 어떤 주어진 과업을 요소작업으로 분해하는 일이며, 이를 위해 해당 과업을 고속 촬영하여 슬로모션으로 분석하는 방법을 많이 쓰고 있습니다.

여기서 시간동작연구와 관련하여 재미있는 일화가 전해지고 있습니다.

프랭크 길브레스는 매일 아침 번거로운 작업인 면도하는 시간을 줄이기 위해 얼굴에 면도용 거품을 바를 때 솔을 한꺼번에 두 개를 사용함으로써 17초의 시간을 줄일 수 있음을 알아냈습니다. 그는 이렇게 간단한 사실을 왜 이제야 알았을까 싶었습니다. 신이 난 그는 이제 면도기 두 개를 쓰기로 했습니다. 양 손에 하나씩 들고 한꺼번에 두 개의 면도칼로 면도를 하니까 시간은 44초나 절약되었습니다. 1초도 수차례 쪼개 써야 할 만큼 바쁜 아침 시간의 44초는 짧지만은 않은 시간이었습니다. 하지만 그는 이와 같은 방법을 곧 포기하고 말았는데, 그 이유는 두 개의 면도칼을 사용하면서 생긴 상처에 반창고를 붙이는 시간이 2분이나 걸렸기 때문이었습니다. 1초의 시간도 아까워하는 그의 마음속에는 2분이나 되는 시간이 더 들었다는 마음의 상처가 얼굴의 상처보다도 더 오래 남았을 것입니다.

결론적으로 잘 하는 방법을 연구하는 학문, 산업공학

눈에 보이지 않는 학문이긴 하지만, 산업공학(Industrial Engineering)은 엄연히 공학입니다. 기계공학, 전자공학, 토목이나 건축공학, 화학공학은 기계, 전자, 교량, 건축물, 화학물질 등과 같은 눈에 보이는 것들을 다루지만, 눈에 보이지 않는 것이라고 해서 없다거나 필요없는 것이 절대 아니겠죠? 산업공학은 '효율'이라고 하는 눈에 보이지 않는 것을 공학적인 방법에 의해 향상시키는 것이니까요.

산업공학은 '산업'이라는 오케스트라를 지휘하는 지휘자라 할 수 있습니다. 야구로 비유하자면 선수들의 포지션과 타순을 적재적소에 배치하는 감독이라 할 수 있겠고, 언론사로 비유하자면 '산업'일보의 다양한 기자들이 써 온 기사

를 자르고 붙이는 편집장이며, 군대로 비유하자면 '산업'
이라는 군단을 지휘하여 전투에서 승리하게 하는 야전사령
관이라고 할 수 있습니다. 매우 복잡하고 급변하는 산업이

라는 틀 안에서 상품이나 서비스를 직접 만들거나 짜내지는 않지만 조율하고 정리하고 지휘하는 것에 따라서 만들고 짜낸 것이 훨씬 '잘' 되게 할 수 있습니다.

산업공학이 다른 공학분야와 뚜렷하게 차이가 나는 점 가운데 하나는 다른 공학분야는 한정된 분야에만 적용이 가능하지만 산업공학은 매우 다양한 분야에서 활동할 기회를 가질 수 있으며 이러한 한정된 각각의 분야를 전체적인 시각에서 조율하고 관리하여 최적의 조건을 이끌어 낸다는 점이 특징이라 할 수 있습니다. 이를 위해 복잡한 시스템의 개별 구성요소에 대한 지식은 물론 각 구성요소를 효율적으로 통합하여 시스템 전체에 대한 각종 의사결정을 지원하도록 나무와 숲을 모두 보는 안목을 가진 공학도를 양성하여 시스템의 설계, 설치, 개선을 다루는 학문이라고 정리할 수 있을

공학의 마에스트로, 산업공학

산업공학이 이룬 일들

것입니다.

　그러므로 산업공학을 전공하면 선택하기에 따라 여러 부문에 적용될 수 있습니다. 생산 및 제조업종뿐만 아니라 수송과 유통업체, 병원관리, 자동차 산업, 금융기관, 도소매업, 정보시스템, 통신시스템 등 거의 전 분야에 걸쳐 적용될 수 있으며 이밖에도 컨설팅, 도시계획, 방위산업 분야 등에도 진출하고 있습니다.

이후의 내용에서는 어떻게 하면 일을 잘 하고, 공부를 잘 하고, 게임을 잘 할까라는 것에 대해 답을 찾아가는 길을 알려줄 지도를 살짝 보여주는 재미있는 이야기들이 담겨 있습니다. 바로 산업공학에서 배우고 연구하는 내용들입니다. 무엇보다 중요한 것은 '잘 한다' 라는 것이 무엇인지부터 알아야 합니다. 일이 잘 되기 위해서는 준비단계에서부터 '잘' 정돈된 계획이 있어야 하겠지요? 좋은 성적을 받기 위해서는 시험공부 일주일 전부터 마스터플랜을 세워야 합니다. 물론 계획대로 안 되고 중간에 더 급한 일이 생겨서 계획했던 일이 뒤로 밀려나는 일이 틀림없이 생길 것입니다. 오늘 밤에 물리시험공부를 마치도록 계획했는데 초저녁에 잠깐 존다는 것이 그냥 아침까지 자버렸다든지 하는 식으로 말입니다. 그렇다고 너무 좌절하거나 자학하면서 인생을 비관해서는 안 되겠죠? 계획은 항상 틀어지게 마련이니까요. 그러나 '잘' 세운 계획은 틀어질 것도 감안하여 세운 계획이 아닐까요?

스타크래프트와 같은 전략시뮬레이션 게임은 기본적으로 동일한 자원을 얼마나 효율적으로 사용하는가가 승패에

공학의 마에스트로, 산업공학

큰 영향을 준다고 할 수 있습니다. 상대와의 전투에서 승리하기 위해서는 다양한 전략을 수립해야 하고, 적의 전략에 효과적으로 대응해야 합니다. 이를 위해 플레이어는 적의 전략에 효과적으로 대응하고 각종 업그레이드와 기지 확장을 통한 효율적인 자원 관리를 해야만 한다는 것은 스타 고수들이 한결같이 강조하는 내용입니다.

'잘' 하는 데에 도움이 되는 방법은 효율을 생각하는 것입니다. 효율을 높이는 것이 잘하는 지름길이라 할 수 있겠지요. 테일러나 길브레스 부부처럼 효율을 높이고자 부단히 좋은 방법을 생각해 내려고 궁리하는 것만으로도 시작은 되었고 이미 효율은 높아질 수 있을 것입니다.

자, 그럼 이제 본격적으로 '잘' 하는 방법을 배워볼까요?

공학의 마에스트로

산업
공학

생산경영이라는 이름의
오케스트라 지휘자

연세대학교 정보산업공학과 **이영훈** 교수
youngh@yonsei.ac.kr

생산경영이라는 이름의
오케스트라 지휘자

그래서 산업공학이 필요하다

한국이 반도체 산업에서 세계정상에 오르기까지에는 신화와 같은 인물이 몇 명 있었습니다. 삼성전자 반도체 부문에서 반도체 메모리 개발을 진두지휘하고 있던 전자공학 박사들의 모임에 대한 일화를 소개할까 합니다.

때는 1990년대 후반 어느 날, 당시 삼성전자는 메모리 DRAM 분야에서 세계 최초 개발품을 연속으로 발표하며 한국의 제조산업의 새로운 신화를 작성하고 있었습니다. 반도체 칩의 개발이라는 것은 수많은 시제품 중에서 하나만 성공해도 개발에 성공했다고 할 수 있는 성격입니다. 즉, 설계한 회로도가 논리적으로 적합해야 하고, 또 제품화 단계까지 성공해야 개발에 성공했다고 말할 수 있는 것이지요. 그러나 이를 상품화하는 것은 또 다른 문제라고 할 수 있습니다. 웨이퍼라 부르는 원형판의 글래스에 회로도를 화학적으로 프린팅하고 이를 절단하는 방식으로 반도체 칩을 생산하는데 일정 수 이상의 합격품이 생산되어야 적정한 가격에 판매할 수 있는 수익성을 가질 수 있습니다. 이를 양산(量産)이라고 하고 개발 후에 적정수준의 양산에 이르는 과정을 램프업(Ramp-Up)이라고 합니다. 램프업 과정은 수많은 문제와의 싸움이고 해결과정으로 시간을 다투는 급박한 연속과정입니다. 새로 개발된 제품이 최대한 빨리 시장에 나와야 후발업체의 제품보다 많은 시장을 점유하여 수익성을 올릴 수 있기 때문이지요.

반도체 개발과 양산의 책임을 맡고 있던 임원은 매일 연속되는 회의 속에 제품기술, 공정기술, 품질, 설비기술 등 많은 팀들과 계속 터지는 문제를 해결하느라 정신없던 어느 날 저녁, 고등학교 동창들과 식사자리를 갖게 되었습니다. 그 자리에서 일의 어려움에 대해 온갖 이야기가 다 나왔겠지요?

"생산 공정이 여러 가지가 있는데 포토공정은 전자공학 박사가 책임지고 있고, 에칭공정은 화학공학 박사가 책임지고 있어. 확산공정은 물리학 박사가 책임자이고 모든 공정이 개별적으로는 완벽해, 박사들도 보통 박사들이 아니야. 분야의 최고들만 모셔다 놓았다고. 공정조건, 생산물량 흐름, 각각은 아무 문제가 없어, 그런데 합쳐 놓으면 제품이 나오지를 않아. 각 공정이 수십 번씩 반복되어 흐르는데 끝에서 테스트해보면 불량이야, 도대체 뭐가 문제인거야?"

다행히 그 자리에는 고등학교 동창으로서 서울에 있던 국립대학의 산업공학과교수가 함께 자리를 하고 있었지요.

"내가 해법을 이야기해줄까? 그러한 문제 해결하라고 산업공학과가 있는 거야. 개별공정으로는 전자공학, 화학공학, 물리학 박사가 전문이지만 합쳐 놓는 일은 산업공학이 하는 거야. 회사 내 산업공학 박사 있어? 불러다 해결해 보라고 시켜봐."

그 임원의 머릿속 전구에 불이 들어왔습니다. 이튿날 출근하자 인사부에 연락하여 회사 내 근무하고 있는 산업공학 박사를 찾았습니다. 다행히 두 명이 채용되어 생산라인에서 근무하고 있었습니다. 이미 맡은 일이 있어서 개발팀으로 전속시킬 수는 없었지만 산업공학의 역할을 설명 들었고 바로 그날로 인사부에 이야기하여 산업공학 박사를 채용하도록 요청했습니다. 그렇게 해서 산업공학이 반도체 개발업무에 투입되기 시작했고, 반도체 제품의 성공적인 램프업에 속도가 붙기 시작했습니다.

현재 삼성전자 반도체 내에는 산업공학 박사들이 수십 명 채용되어 개발, 생산, 품질, 기획 등 각 분야에서 일하고 있습니다. 산업공학 석사, 학사들이 세계 최고의 첨단제품인 반도체 생산의 모든 분야에서 제 역할을 다하고 있습니다. 삼성전자 반도체부문에서 제조본부장을 역임하여 세계적인 반도체 공장으로 성장시킨 또 다른 임원은 지금도 늘 산업공학이라는 전공의 역할이 성공에 이르게 한 핵심요인 중의 하나였다고 말합니다. 산업공학에서 다루는 생산경영이 성공한 대표적 사례라 볼 수 있을 것입니다.

자리매김의 미학

우리나라 최대 자동차 공장은 울산에 있습니다. 또한 화성, 평택에도 있지요. 제철소는 포항과 광양, 서산 등 바다에 인접해 있습니다. 거기에는 나름대로 이유가 있습니다. 반도체 공장은 기흥, 천안, 이천, 청주에 있습니다. 적절한 내륙 지역이면서 서울에서 아주 멀지도 아주 가깝지도 않은 곳에 있는 셈입니다. 여기에는 이유가 있지요. 조립의 과정이 중요한 TV, 냉장고 등의 가전제품이나 통신기기 고장은 대체적으로 공단 내에 위치해 있습니다. 그리고 중국, 태국, 베

트남 등지의 동아시아권 내에 해외공장이 있지만 유럽이나 북미 등의 소비지에는 아주 많지는 않습니다. 생산의 위치 선정, 즉 자리매김의 가장 중요한 요인은 돈, 경제적 문제이며 비용을 최소화하면서, 결과적으로 수익을 많이 내는 것을 목표로 삼고 위치 선정을 합니다.

공장이 설립되는 자리는 한번 결정되면 쉽게 이동할 수 있는 것이 아닙니다. 따라서 단 한 번의 결정이 그 회사의 미래를 결정할 수 있다고 볼 수 있습니다. 장소 결정에 따른 수많은 다른 요인들이 합쳐져 매우 긴 기간 동안의 제품 생산비용을 결정한다고 볼 수 있습니다. 자동차 공장은 수출을 전제로 하기 때문에 항구 주변에 있는 것이 유리합니다. 완성된 차를 수송하는 비용이 크기 때문이지요. 제철소의 입지조건도 자동차와 비슷한데, 주로 철광원석을 수입에 의존하다보니 항구 주변에 세우게 된 것입니다. 반도체 공장은 제품의 크기가 작아 수송문제는 심각하지 않지만 공정의 특성상 고급인력이 많이 소요되다 보니 대도시에서 멀리 떨어져 있으면 인력수급에 차질이 생길 수도 있습니다. 무엇보다도 워낙 미세한 공정을 다루다 보니 약간의 진동에도 불량품이 많이 발생하는데, 그래서 기흥, 천안, 청주, 이천 등 반도체 공장들이 철로 선에서 일정거리 이상 떨어져 있습니다.

기업의 경영기획실은 제품 선정, 공장 선정 등 회사의 운명을 결정하는 먼 미래에 대한 의사결정에 대한 분석과 계획을 세우는 부서입니다. 이곳에서도 산업공학을 전공한 전문가들이 장기간에 걸친 각종 요인들에 대한 종합적 분석업무를 주로 수행하고 있습니다. 이를테면 수송과 원자재 수급경로, 공장 인력 확보, 품질영향 요인, 중간 제품의 이동경로, 주요 소비층의 위치 등 수많은 요인과 비용, 연도별 이율과 환율 등 종합적인 분석을 실시하고 있습니다. 이러한 의사결정들은 지금 현재뿐만 아니라 먼 장래 기업의 수익성에 결정적으로 영향을 미친다고 할 수 있겠지요.

　현대그룹의 자동차 산업과 조선 산업 진출, 포스코의 제철사업 진출, 삼성전자와 LG그룹의 반도체와 LCD 디스플레이 산업 진출 등은 이러한 자리매김의 대표적 성공사례라 할 수 있습니다. 지금의 대한민국을 만든 산업공학적 분석의 결정판이라 할 수 있을 것입니다.

자장면과 휴대폰의 공통점

자장면을 배달해서 먹고 사는 동네 중국집 사장도 매일 고민하며 결정하는 문제가 있습니다. 오늘은 양파를 몇 자루 주문해야 하고, 자장 소스는 얼마나 준비해 놓아야 하는가에 대한 문제일 것입니다. 한참 주문이 밀리는 점심시간에는 정식 배달직원 외에 파트타임 직원을 몇 명 확보해 놓아야 하는가, 이에 대한 결정이 적절하지 못하면 아무리 주문이 많이 들어와도 돈을 벌 수는 없을 것입니다.

문제의 핵심은 무엇일까요? 주문이 들어와 자장면을 배달하기까지 고객이 기다려 줄 수 있는 시간이 10분밖에 안된다는 것. 그 짧은 시간 동안에 필요한 식자재를 구입하여 자장면을 만들 수는 없다는 것이겠지요. 주문이 들어오기 전에 미리 예측하여 양파를 준비해 놓아야 하고 면도 어느 정도 미리 준비해 놓아야 합니다. 주문이 언제 몰릴지 모르지만 배달 직원도 일정 수 대기시켜 놓아야 합니다. 준비해 놓은 수보다 주문이 너무 많이 몰리면 자장면을 주문한 모든 고객에게 제 시간에 배달하지 못할 뿐만 아니라 다른 중국집에 고객을 빼앗길 것입니다. 그렇다고 자장면을 너무 많이 준비시켰다가 주문이 못미처 재료가 남아 버리면 손해를 보게 될 것입니다. 그러니 적절한 생산계획은 중국집의 수익성을 좌우한다고 볼 수 있겠지요.

휴대폰을 생산하는 공장의 경우도 상황은 비슷합니다. 주문을 받고 조건에 맞게 생산하게 되면 생산에 소요되는 시간이 길어 고객은 기다려 주지 않습니다. 필요한 시기에 납품이 이루어지지 않으면 고객은 비슷한 품질을 생산하는 다른 회사 제품을 구매하게 될 것입니다. 한 공장라인에서는 수많은 모델의 휴대폰을 생산합니다. 시장에서 팔리는 제품은 모델에 따라 양이 제각각입니다. 생산라인에서는 한 종류의 제품을 일정시간 동안 계속 생산하면 효율성도 좋고 품질도 우수하지만 생산 모델이 자주 바뀌면 바뀔 때마다 각종 설비나 부품준비 등으로 일정시간 동안 작업을 할 수 없고 효율성도 떨어질 것입니다. 그렇지만 시장에서의 주문이 수많은 모델별로 매일 요청된다면 생산라인은 자주 모델을 바꾸는 것이 시장대응에서 좋을 것입니다.

그러니 시장에서의 판매 예측, 공장 내에서의 생산성, 부품 준비 상황, 설비 능력, 종업원 능력 등을 포함한 모든 여건을 고려한 종합적인 생산계획은 생산라인 전체의 생산성을 좌우하고 결국은 기업의 수익성을 좌우하게 됩니다. 생산계획은 연간으로 작성하고 다시 월간, 주간, 마지막으로 일간으로 작성되어 현장에 제공되고 기업에 속한 수많은 작업자들이 이에 따라 생산을 진행합니다. 시장에서 팔리는 제품을 팔리는 속도로 최소의 비용으로 생산하기 위한 고도의 생산계획을 작성하는 일은 산업공학자들이 수행하며, 이 일에는 수많은 형태의 수리모형과 컴퓨터 계산이 응용되고 있습니다. 생산계획은 기업의 가장 중요한 요인이 무엇인가를 선택하고 이를 모형 속에 포함하여 풀어내는 모델링 능력이 가장 중요하다고 할 수 있습니다. 또한 수시로 변하는 요인들, 예를 들면 수요의 변화, 설비상태의 변화, 원자재 준비상태의 변화 등이 반영되어 가장 적합한 계획이 산출되도록 연속적인 보완작업이 이루어지고 있습니다. 이런 변화는 직접 현장에서 일하는 수만 명의 작업자의 모든 것을 결정합니다. 어때세요? 이쯤되면 산업공학이 기업경영에서 차지하는 역할이 어느 정도인지 실감나지 않나요?

스케줄링은 생명을 구한다

이번에는 조금 다른 방향에서 산업공학을 들여다보기로 합시다.

요즘 항공편을 이용하여 해외여행을 하는 것이 보편화되었습니다. 자동차보다 훨씬 위험해 보이는 항공기 사고율이 자동차 교통사고율보다 훨씬 낮은 것으로 조사됐습니다. 실제로 비행기 조종사는 수 백 명의 안전을 책임지는 중요한 일을 담당하고 있습니다. 그런데 조종사들은 각 비행편에 어떻게 배정되는 것일까요?

통상적으로 항공기 조종사는 기장과 부기장으로 구성되어 있습니다. 각각 다른 임무를 부여받고 수행하며 또한 서로 공동으로 보완적인 일을 수행하기도 합니다. 모든 조종사는 운항할 수 있는 항공기와 이착륙이 가능한 공항이 정해져 있고, 비행경력과 공항별 이착륙 면허소지에 따라 항공편 조종 임무가 할당됩니다. 국내 A 항공사의 근거리 비행을 담당하는 보잉737은 4시간 이내의 비행을 담당하여 국내선과 일본과 중국 등 가까운 공항까지의 운항에 투입됩니다. 그 항공사에는 약 25대의 항공기가 있는데, 항공기를 운행하는 기장급 조종사만 90여 명이나 됩니다. 항공기에 비해 조종사가 너무 많죠? 왜 그럴까요? 항공기는 적절한 정비점검만 이루어지면 하루 동안에 몇 번이라도 운항이 가능하지만 조종사는 하루에 최대 5번만 착륙(랜딩) 조종을 할 수 있습니다. 또 규정상 일정시간 이상 운항하면 일정시간 이상 휴식을 취하도록 되어 있습니다. 미국과 같은 장시간 운항의 경우 조종사가 비행시간을 모두 책임질 수 없기 때문에 한 명의 기장과 두 명의 부기장이 승선하여 번갈아가며 조종을 해야 합니다. 이륙과 착륙과 같은 중요 시간대에는 기장과 부기장이 조종하고 중간지역에서 자동항법으로 운항할 때에는 두 사람의 부기장이 조종을 담당하는 방식으로 조종사별 운항시간은 법으로 정해져 있어서 이 시간 이상 운항하지 않도록 하고 있습니다. 이러한 시간 운영의 제한은 사람이 가지고 있는 피로도가 항공기 안전에 가장 많은 영향을 끼치기 때문입니다.

따라서 25대의 항공기에 90여 명의 기장 조종사를 할당하는 문제는 매우 중요하면서도 복잡한 스케줄링 문제라 할 수 있습니다. 왜냐하면 스케줄을 잘못 짜면 항공기의 사고율을 높일 수 있기 때문입니다. 한 달 동안 조종사는 90시간 이상 운항할 수 없으며, 또한 연속으로 5일 이상 운항

공학의 마에스트로, 산업공학

할 수 없도록 되어 있습니다. 조종사별로 이착륙 가능한 공항도 정해져 있습니다. 물론 조종사별 이착륙 가능한 공항의 면허는 자주 갱신된다고 합니다. 항공편은 새벽부터 구성되기 때문에 새벽 시간대만 자주 배정된 조종사는 비록 운항시간이 짧아도 피로도를 쉽게 느끼게 됩니다. 같은 경로를 계속해서 운항하는 것은 안전할 수도 있지만 조종사의 측면에서 긴장도를 늦추어 오히려 안 좋을 수도 있습니다. 기장 90명이 스케줄링되었을 때 거의 비슷한 운항시간을 할당받는 것이 조종사들에게도 좋을 것입니다. 기장이 한 달 기준으로 60시간 이상 운항하면 초과시간에 대해 운항수당이 할증되어 지급됩니다. 따라서 조종사들에게 한 달간 운행시간을 균형있게 만든 좋은 스케줄링은 항공사 입장에서 비용의 절감과도 연결된다고 할 수 있습니다. 무엇보다 항공기의 안전에 매우 중요한 요인이 됩니다. 실제로 체계적이고 과학적인 스케줄링 시스템을 갖추고 있는 항공사에 대해 항공사에서 가입하고 있는 보험료가 수백만 달러의 차이를 발생시키기도 한다고 하니 비용절감 차원에서도 과학적이고 잘 짜여진 스케줄링은 항공사의 경쟁력을 키우는 핵심이라 할 만합니다.

서비스 산업에서의 생산경영은 이처럼 운영에 관련된 모든 문제를 해결합니다. 스케줄링의 과학적 방법을 다루는 학문이 바로 산업공학입니다. 물론 비행기의 기계적 안전성도 중요하지만 운영의 핵심 포인트를 다루는 학문이 산업공학이고, 안전성이 확보되고 그로 인한 비용이 감소될 때 항공산업은 발전한다고 할 수 있을 것입니다.

자동화시스템의 브레인은 생산경영

우리는 자동화시스템 시대에 살고 있습니다. 지하철 역 승강장에서 스크린도어는 전동차가 도착하면 자동으로 열립니다. 공항에서 수하물은 자동 컨베이어 벨트에 의해 고객이 기다리는 장소에 운반됩니다. 생산이 이루어지는 수많은 공장에는 자동화되어가고 있는 부분이 점점 증가하고 있습니다. 수백 대가 넘는 설비에서 작업할 제품들은 컨베이어 벨트나 자동 로봇에 의해 운반되고 설비위에 장착되고 있습니다. 자동차 공장의 천장에는 수백 킬로그램이 넘는 차체가 매달려 운반되고 있고, 노트북 LCD 패널공장에서는 자동로봇이 자동으로 글래스를 집어서 설비로 가져가고 작업이 끝나면 다음 공정으로 운반합니다. 이러한 자동화 시스템은 기계공학과 전자공학의 기술로 제조되지만, 이를 운영하는 모든 로직(논리)은 산업공학적 지식에 의해 계산되고 있습니다.

보통 생산라인에서 진행되는 제품은 여러 종류의 제품이 함께 흘러갑니다. 냉장고 생산라인의 경우 하나의 컨베이

공학의 마에스트로, 산업공학

어 벨트 위에는 사이즈별 다양한 모델 10종류 이상을 번갈아가며 작업을 진행합니다. 자동차 생산라인도 자동차 색깔까지 고려하면 매번 다른 모델이 흐르고 있습니다. 노트북이나 TV용 LCD 패널 공장에서도 공장 내에 수십 가지 모델이 동시에 흐르고 있습니다. 하나의 공정 측면에서 보면 동일모델이라 해도 여러 번 같은 설비에서 작업하게 되는데 그때마다 다른 형태의 작업을 진행하게 됩니다. 예를 들면 반도체 작업의 경우 하나의 칩이 완성되기까지 스테퍼 장비에 25번 정도 작업을 수행하게 되는데 매번 다른 모양의 마스크가 필요하게 되고 다른 작업을 진행하게 됩니다. 하나의 라인에 통상적으로 30가지 이상의 모델이 흐르기 때문에 스테퍼 설비의 입장에서는 750가지의 다른 작업을 언제든지 할 수 있도록 준비하고 있어야 합니다.

생산라인 전체 측면에서 수백 대의 냉장고나 자동차가 흘러가고 있고 LCD 패널의 경우 수만 장이 흘러가고 있는데 이러한 제품들이 자동으로 흐를 때 각각의 설비에 어떤 중간제품을 작업할 것인지에 대한 의사결정은 매우 복잡한 문제라 할 수 있습니다. 이를 체계적으로 또한 매 순간 자동으로 결정해주지 않으면 대 혼란이 발생하게 됩니다. 어느 특정 공정에서는 작업이 밀려서 꼼짝도 하지 못하고 어느 공정에서는 작업할 수 있는 제품이 도착하지 않아 설비가 가동하지 못하는 일이 발생할 수 있습니다. 이러한 자동화 라인에서 '데드락(Deadlock)'이라는 상황이 종종 발생하는데 이는 서로 상대방의 방향을 막고 있어 모든 상황이 정지되게 만드는 것을 의미합니다. 논리적인 의사결정의 핵심은 공장 전체에 대한 균형과 생산하고자 하는 제품별 생산목표, 작업의 진행속도 등에 대해 경영적인 의사결정을 하고 이에 적합한 규칙과 수리적인 해법을 산출하여 자동화설비에 입력하여 실행하도록 하고 있습니다.

한국의 공장라인에 사용하는 자동화설비는 대부분 미국제, 일본제, 유럽제 등 외국산이 많습니다. 미국과 일본 그리고 유럽에서도 동일한 설비로 공장을 운영합니다. 그러나 그들의 공장보다도 냉장고와 LCD 패널, 그리고 반도체의 생산량은 훨씬 많으며 다양한 수요변화에 유연하게 대응하여 싼 가격에 공급하고 있습니다. 이는 그들보다 브레인의 역할을 하는 운영의 핵심 로직이 우수하고 산업공학의 생산경영 지식이 훨씬 더 풍부하기 때문입니다.

로지스틱스, 글로벌시대의 블루오션

로지스틱스(Logistics)는 물류의 현대화에 대한 핵심적인 개념의 용어로 최소의 비용으로 안전하게, 적시에 공급하는 시스템을 의미합니다. 사실 로지스틱스는 인류의 역사와 함께 시작한 이동 및 수송기능이라 할 수 있겠지만, 세계가 글로벌화되면서 더욱 중요한 기능이 되어 가고 있습니다. 글로벌 시대에는 제품을 만드는 곳과 사용하는 곳이 전 세계로 확장되어 분포되어 있기 때문이지요. 이슬람문화에 적합한 메뉴가 장착된 핸드폰을 한국에서 만들고 있고 태국에서 만든 전자부품이 한국 공장에서 조립되어 브라질로 수출되는 식으로 말입니다. 제품의 생산 단계에서부터 최종 소비자에게 전달되기까지 그리고 요즘은 애프터서비스까지 반제품, 완제품, 사후서비스용 부품까지 수많은 종류의 제품들이 적절한 장소에 적절한 시간에 공급되어야 비로소 로지스틱스가 완성된다고 할 수 있습니다.

인터넷시대에 인터넷 쇼핑의 급성장은 새로운 개념의 상거래를 창출했습니다. 이를 가능하게 한 것은 인터넷뿐만 아니라 소화물 택배 시스템의 로지스틱스가 있기 때문입니다. 택배를 담당하는 소형트럭 운전사의 일상을 살펴보면 배달해야 할 소화물 백여 개를 하루 일과를 시작하면서 전달받습니다. 아울러 배달지역의 이동경로, 즉 배달 순서표를 전달받고 출발합니다. 이동경로는 모든 고객을 방문했을 때 이동경로의 길이를 최대한 짧게 하도록 구성되어 있습니다. 또 교통체증을 고려하여 특정시간에는 특정경로를 피하도록 구성되어 있습니다. 이러한 이동경로는 산업공학적 지식으로 계산합니다. 소화물 백여 개를 하나의 트럭에

할당할 때는 배달지역과 트럭의 용량까지 동시에 고려하여 소화물 전체의 부피와 무게가 일정량을 넘지 않도록 계산되어 있습니다. 인터넷 쇼핑의 이점이 가격에 의한 경쟁력이라면, 최종 배달에 의한 물류가격이 제품판매에 결정적일 수밖에 없습니다.

여러분이 고속도로를 달리다보면 물류창고나 물류센터를 많이 볼 수 있을 것입니다. 지금 이 시간에도 고속도로 주변에는 계속해서 새로운 물류단지가 조성되고 있을 것입니다. 그런데 왜 이렇게 물류단지가 조성되는 것일까요? 만약 시장에서 팔리는 제품을 바로 생산할 수 있다면 물류창고는 필요없을 것입니다. 그러나 팔리는 시점과 생산하는 시점이 다르고 장소가 다르기 때문에 창고와 수송이 존재하게 되고 이를 담당하는 것이 로지스틱스입니다. 반도체 제품은 비행기를 통해 전 세계에 수송되고 자동차는 선박을 이용하여 전 세계에 수송됩니다. 울산에서 생산된 자동차가 뉴욕 항구로 수송되어 항구의 자동차 전용 기지에 주차되어 있는데 적절한 시간에 팔리지 않는다면 엄청난 손실을 가져올 것입니다. 남미에서는 재고가 없어서 팔지 못한다고 가정하면, 이를 다시 선박에 싣고 브라질로 이동시키려면 시간이 소요되고 수송비용과 주차비, 각종 보험비용 등이 추가로 들게 됩니다.

백화점에 물건을 사러 가서 우리는 종종 적합한 사이즈

가 없어서 백화점의 보관창고로 찾으러 간 동안 기다리게 되는 경험이나 아예 추가로 주문해야 한다고 며칠 또는 일주일 이상 기다리라는 요청을 받기도 합니다. 백화점의 입장에서는 모든 제품에 대해 모든 사이즈에 대해 넉넉하게 준비해 놓을 수도 없습니다. 이에 대한 잘못된 관리의 결과로 생산원가에도 미치지 못하는 싼 가격으로 판매하는 덤핑상품들을 시장 뒷골목에서 또는 할인매장에서 종종 만나게 됩니다. 하루나 이틀 정도밖에 보관하지 못하는 야채류와 열흘 이상 보관 가능한 감자와 고구마는 서로 한 번에 배달시키는 양과 방법이 다릅니다. 보관과 수송에는 항상 적절한 수준의 양과 시간에 대한 의사결정을 내리게 되고 이에 대한 모든 논리는 로지스틱스에 대한 산업공학적 지식을 필요로 하고 있습니다. 인터넷, 통신, 방송 등의 정보전달 체계가 보편화되고 빨라지면서 제품과 서비스에 대한 요구가 더욱 복잡해지고 다양해지고 있으며 이러한 시장환경에 적응하기 위한 모든 활동의 핵심에는 로지스틱스가 있습니다.

공학기술의 성공을 결정하는 산업공학

새로운 공학기술에 대한 특허의 1%만이 상품화가 시도되며 상품화된 제품 중 1%가 시장에서 팔린다고 합니다. 사람들에게 사랑받고 있는 제품들은 이처럼 희박한 확률에서 살아남은 위대한(?) 생존자들이라 할 수 있지요. 과학에서 발견된 원리를 이용하여 공학은 유용한 기술로 승화시켜 나갑니다. 기술이 제품화되어 사람들에게 보여지고 적절한 이윤을 창출할 수 있어야 지속적으로 생산되고 생활 속에 남게 되겠지요? 예전 VTR 시장에서 우리 모두에게 익숙한 VHS 방식은 처음 제품화되었을 때 소니의 베타방식과 경쟁했고 이 과정에서 승리하여 VTR의 표준방식이 되었으며 DVD에게 새로운 시대를 물려주기까지 오랫동안 녹화테이프의 대명사가 되었습니다. 사실 기술적으로는 베타방식이 더 우수했다고 알려져 있지만 사람들은 반드시 기술적 우위만을 좋아하지만은 않는 것 같습니다. 제조과정과 고객에게 분배되어 전달되는 물류과정에서 운영의 효율성을 가지고 있어야 성공할 수 있다는 것을 보여준 사례가 아닐까요?

벤처기업의 성공률이 1% 정도인 것은 정말로 성공한 1%만이 좋은 기술이기 때문만은 아닙니다. 좋은 기술을 산업화하는 능력은 또 다른 기술이며 그것은 전혀 다른 새로운 공학이니까요. 이 과정을 크게 생산경영이라고 하는데 물론 여기서 말하는 생산이라 함은 제조만을 말하는 것이 아니라 모든 형태의 운영(Operation)을 포함하는 개념입니다. 보험 상품을 설계하는 것도 생산이며 백화점에서 어느

공학의 마에스트로, 산업공학

제품을 매장에 어떤 형태로 배치하고 그로 인하여 고객들이 어떤 동선으로 움직이도록 할 것인가를 결정하는 것도 생산입니다. 공항에서 2분마다 착륙하는 항공기에 대해 어느 게이트로 이동하게 할 것인지, 또 도착하는 항공기마다 정비점검차량과 기내식 또는 승객 수하물 운반차량의 배치에 대한 모든 내용도 생산경영 부서에서 담당하고 있습니다. 제조과정의 생산성은 제품의 품질과 비용을 결정하는 생산경영의 핵심적인 관리범위라 할 수 있습니다. 이 모든 과정에서 발생하는 효율성의 총합체가 제품의 모든 것을 결정하며 시장에서 사랑받고 팔릴 것인지 어느 날 기억 속에서 사라지게 할지를 결정하는 것입니다.

그런 면에서 볼 때 생산경영은 단위공정을 연결하여 최종제품을 만들어내는 통합(Integration)의 학문이라 할 수 있습니다. 그래서 나무보다 숲을 볼 수 있는 능력을 가진 사람에게 권하는 공학예술인 것입니다. 생산경영에 필요한 모든 이론적 기반은 수학, 통계학, 경영학, 전산학 등과 같은 기초학문에서 제공하지만, 생산경영은 이를 종합하여 현실에 적용하는 응용학문이며 과학적인 논리에 근거한 공학적인 지식의 결정체라고 할 수 있습니다.

인간적인, 너무도 인간적인 공학

한양대학교 산업경영공학과 **김정룡** 교수
jungkim@hanyang.ac.kr

인간적인, 너무도 인간적인 공학

1. 인간공학을 활용한 흥미로운 연구의 예를 들어주세요

기억에 남는 연구가 있습니다. 자동차의 급발진 사고에 대한 인간오류 여부를 판명하는 연구로 기억합니다. 벌써 10여 년 전이라고 생각됩니다. 그 당시만 해도 자동차의 전자장비가 지금과 같이 복잡하지 않을 때였습니다. 그래서 자동차의 급발진이 전자장비의 이상 현상으로 발생하는 것이거의 이론적으로 불가능한 때였습니다. 그럼에도 불구하고 자동차 설계의 문제점이 급발진을 유발시킬 수 있다는 가정을 가지고 실험을 실시하였습니다. 그 당시 이미 미국과 같은 자동차 선진국에서는 80년대에 유사한 실험을 실시하였고, 몇 가지 결론을 얻은 상태였습니다. 첫째는 액셀페달과 브레이크 페달이 가까이 있을 경우 페달 오조작에 의한 급발진 현상이 나타날 수 있다는 것이었고, 둘째는 이러한 운전자의 오조작은 흔히 일어날 수 있는 상황이므로 이를 예방하기 위한 자동차 제조업자의 안전설계가 의무화되어야 한다는 점이었습니다. 90여 명이 넘는 다양한 연령의 사람을 대상으로 실내에서 자동차 시뮬레이터를 만들어 운전하게 하였고, 주의력 집중이 이루어지지 않도록 상황을 유도하고, 가상의 긴급 운전 상황에서 급제동을 하게 하였습니다. 재미있는 사실은 10% 이상의 사람들이 브레이크를 밟을 때 살짝이라도 엑셀을 건드린다는 사실이었고, 그 중 한 사람은 실제로 브레이크 대신 액셀을 밟기도 하였습니다. 흥미롭게도 이렇게 오조작을 한 운전자는 자신이 브레이크 대신 액셀을 밟은 사실을 모르고 있었다는 것이고, 이것은 사람이 확신을 갖고 행동할 때는 자신의 실제 행동과는 다른 기억을 머릿속에 저장한다는 기존의 심리적 이론과 같은 상황이 벌어진다는 것을 알게 되었습니다. 그러나 운전자가 오조작을 했다고 해서 이것을 운전자의 과실로 보지 않는 이유는 무려 10% 이상의 사람들이 유사한 상황에 빠질 수 있기 때문입니다. 이렇게 위험성 측면을 충분히 고려하지 않고 운전자에게 자동차를 판매한 쪽이 더 책임이 있는 것이겠지요. 기존 연구 결과 중 상식과 다른 사실은 급발진이 초보운전자에게 일어나는 것이 아니라, 20년 이상 베테랑 운전자에게도 빈번히 일어난다는 사실입니다. 이것은 인간의 마음이 한 번 확신을 가지면, 순간적으로 행동을 교정하기 어렵다는 것을 보여주는 좋은 예로 기억됩니다.

지금은 대부분의 자동차 회사에서 브레이크를 밟아야만 기어가 변속될 수 있는 시프트록(Shift lock) 장치를 하고 있어 안전성이 높아졌고, 브레이크와 액셀 페달의 위치도 적절히 조정하는 것으로 알고 있습니다. 물론 복잡한 전자장비의 사용으로 인해 자동차에서 어떤 다른 사고가 일어날지는 알 수 없는 일이구요. 앞으로 일어날 수 있는 문제를 해결하는 것은 아마 이 글을 읽는 여러분 중 미래의 인간공학자의 몫이 아닐까요?

휴대전화의 예를 들어 보겠습니다. 휴대전화가 대중화되던 초기에는 전화의 크기, 두께, 무게, 그립감 같은 것들이 사람들의 손 모양과 조화롭게 어울리도록 하기 위해 인체공학적인 연구가 활발히 이루어졌습니다. 지금도 휴대전화를 살 때 손으로 한 번씩 잡아보는 경우가 있지요? 인간공학적으로 설계된 휴대전화일수록 잡기 쉽고 손에 쏙 들어오는 느낌을 받게 됩니다. 그러나 요즈음에는 인지인간공학, 사용성 공학이 휴대전화 설계에 더욱 활발하게 활용되고 있는 실정입니다. 예를 들어 보겠습니다. 휴대전화 신상품을 개발하기 위해서는 휴대전화의 콘셉트나 디자인 같은 것들이 기획단계에서 결정이 됩니다. 그러면 인간공학하는 사람들은 사용자가 휴대전화 기능과 부가기능을 어떻게 잘 사용할지 시나리오를 만듭니다. 이때 휴대전화 조작 패턴을 읽어내는 정신 모형(Mental Model)을 사용하고, 다양한 모의 상황을 만들어 놓고, 어떻게 사용자가 반응할지를 예측합니다. 이에 따라 휴대전화의 메뉴와 화면 등을 디자인하게 되고 시제품(working mock-up)을 만들어서 사용성 평가를 하게 됩니다. 이 때 부족한 부분이 발견되면 설계에서 수정이 되고 이를 반복하면서 완제품이 만들어집니다. 제품이 출시되고 나면 사용자들이 휴대전화를 직접 사용하고, 사용결과에서 나타나는 사용자들의 경험을 축적해서 새로운 제품 개발에 반영하게 됩니다. 이러한 일련의 과정이 인간공학의 사용성 공학이라는 범주 안에서 이루어집니다. 요즈음 많은 대기업들이 이러한 사용성 공학을 사용하여서 제품을 개발하고 있는 실정입니다. 휴대전화를 편리하게 만드는 일등공신은 바로 이 사용성 공학이라고 할 수 있습니다.

2. 인간공학이라는 학문에 대한 소개를 해주세요.

우선 공학이라고 하면 연구를 할 때 수학공식이나 실험결과와 같은 것을 토대로 하는 것이 일반적인 경우겠지요. 그와 마찬가지로 인간에 대한 연구를 보다 수학적이고 공학적으로 하는 학문이라고 말씀드릴 수 있겠네요. 그렇다면 인간의 어떤 면을 공부하는지 궁금하시지요? 다름 아닌 인간이 가지고 있는 신체적인 능력이나 한계 또는 심리적인 기능이나 취약점을 조사하기도 하고 측정하기도 해서 우리 삶에 보탬이 되는 물건이나 생활 환경을 설계하는 학문입니다. 가장 쉬운 예를 들자면 허리가 아프지 않게 의자를 설계한다든지, 핸드폰을 사용할 때 헷갈리지 않도록 메뉴를 쉽게 만든다든지 하는 것들입니다.

인간공학을 영어로 보면 Ergonomics입니다. 이때 Ergo는 노동(Labor)이란 뜻이고 nomics는 법칙(rule)이라는 뜻입니다. 다시 말하면 노동법칙이지요. 이 유래는 유럽에서 산업혁명이후 작업자가 신체를 해하지 않고 높은 생산성을 높일 수 있는 방법론을 연구하던 과정에서 인간공학이 시작되었기 때문에 붙여진 이름입니다. 또 다른 이름은 휴먼 팩터 엔지니어링(Human Factors Engineering) 또는 휴먼 엔지니어링(Human Engineering)이라는 영어 명칭도 씁니다. 이 이름은 미국에서 공군 조종사들이 2차 대전 당시 전투기 조종실수를 예방하고 비상시 조종사를 보호하기 위한 전투기 설계에 사용하기 위해서 신체 인류학자와 심리학자들이 연구하며 만들어 낸 이름입니다. 현재는 두 가지 이름이 동의어처럼 쓰이고 있으며, 세계적으로는 Ergonomics라는 이름을 주로 사용하고 있습니다.

3. 인간공학에는 어떤 분야가 있고 어떤 일들을 하나요 ?

나라마다 인간공학의 분야를 정의하는 방법이 다소 다르기는 합니다. 우리나라의 대한인간공학회에서는 인간공학을 네 분야로 나누고 있습니다. 첫째, 인체공학(Physical Ergonomics) 둘째, 인지 인간공학(Cognitive Ergonomics) 셋째, 감성공학(Affective Ergonomics) 넷째, 거시 인간공학(Macro Ergonomics)입니다. 감성공학의 명칭을 Emotion and Sensibility Engineering으로 감성과학회에서 부르기도 하고, 인간공학회에서도 이를 채용하기도 하지만 감성이라는 단어가 세계적으로 학문분야에서 Affect로 사용되고 있으므로, 여러분에게도 그에 준해서 알려드리는 것이 관련 글을 읽는데 혼동을 최소화할 것으로 생각합니다.

인간공학에 대한 구체적인 관심이 생기시나요? 우선 인체공학 분야에서는 말 그대로 인간의 신체에 대한 연구를 합니다. 사람의 신체 사이즈는 어떤 비율로 이루어져 있고,

관절의 동작은 어떤 궤적을 그리며, 사람의 근육은 어떤 일을 할 때 가장 쉽게 피로해지는지 등등 사람이 일을 하거나 운동을 할 때 어떻게 하면 보다 효율적으로 다치거나 피로하지 않고 할 수 있는지를 연구합니다. 이러한 연구를 통해서 산업 현장에서 일하시는 아버님 어머님들이 허리나 어깨 손목 등을 다치지 않고 일할 수 있는 환경을 만들기도 하고, 장비나 도구를 사람이 쓰기 편하게 설계하거나 고치게 합니다. 흔히 말하는 근골격계 질환을 예방하는 역할을 합니다. 다른 한편으로는 인체공학적인 제품을 설계합니다. 제조업 현장에서 장비나 도구도 만들지만, 일반인들이 사용하는 생활 용품 중에서 인체와 접촉하는 모든 제품은 인체공학의 손길이 닿지 않는 곳이 없습니다. 모든 제품의 크기나 모양은 당연히 그 제품을 사용하는 사람의 키, 몸무게, 손의 크기, 엉덩이 너비, 손 길이, 발 길이 등을 고려해서 만들 수밖에 없기 때문입니다. 가정에서 사용하는 냉장고, 세탁기, 싱크대, 좌변기, 책상, 의자, 침대 등 인체의 치수를 고려하지 않은 제품이 없습니다. 이 모두 인체공학자들의 손길이 닿은 제품들이고 이러한 인체공학의 업무는 지속적으로 이어질 것으로 생각합니다.

한편, 인지 인간공학분야가 있습니다. 이 분야는 줄여서 인지공학이라고도 하는데 이때 인지 시스템공학(Cognitive Systems Engineering)을 인지공학이라고 줄여서 쓰는 경우가 있어, 사용자들의 주의를 요합니다. 어쨌든 인지 인간공학은 사람의 인지 심리적인 특성을 파악하여 사용자가 쉽게 사용할 수 있는 제품이나 시스템을 설계하는 일을 합니다. 말하자면 메뉴 없이도 사용할 수 있는 가전제품을 만들고, 무인 자판기에서 누구라도 실수 없이 물건을 살 수 있으며, 새로운 핸드폰을 사더라도 금방 사용할 수 있도록 설계하는 일들입니다. 사람이 쉽게 배우고, 쉽게 사용하고, 사용하면서도 실수하지 않도록 하는 것이 인지 인간공학에서 하는 중요한 일입니다. 이러한 실수를 예방하는 활동은 건설 현장이나 교통 시설물 특히 위험물질을 취급하는 원자력 발전소나 화학 플랜트에서는 인간의 생명을 좌지우지할 수 있는 매우 중요한 일입니다. 실제로 인지 인간공학이 산업 현장에 적용되어서 인간이 실수할 수 있는 많은 부분을 보완하고 안전하게 일을 할 수 있게 도와주고 있습니다. 현재도 활발하게 활용되고 있는 인지 인간공학은 앞으로 인간이 일하는 환경이 점점 더 복잡해지면 그 활용도도 정비례하여 높아질 것으로 예상됩니다.

그리고, 감성공학 분야가 있습니다. 감성공학은 인간의 감성을 정량적으로 측정하고 평가한 후 얻어지는 자료를 바탕으로 제품이나 시스템을 설계할 때 보다 사용자의 감성에 호소할 수 있게 만드는 것이 목적입니다. 그러기 위해

공학의 마에스트로, 산업공학

서는 감성을 측정하기 위한 도구가 필요하고 그 첫째가 일본의 감성공학자들이 개발한 설문과 통계적 분석 방법입니다. 이 방법은 수량화 이론이라고 부르기도 하는데 사용자가 제품에 대한 어떤 감정을 가졌는지를 조사해 내고 다음 제품 설계에 반영할 수 있는 방법입니다. 둘째는 거짓말 탐지기와 유사한 원리로 사용하고 있는 심리생리 측정법입니다. 이 방법은 사람이 흥분하거나 초조하면 심장 박동수가 빨라지거나 손에 땀이 나고 안구 운동이 불규칙해지는 등 인간의 감성변화에 따른 생리변화를 읽어내어 감정의 상태를 민감하게 알아내는 것입니다. 이 두 가지 방법이 감성공학의 학문적 근간을 이루고 있습니다. 그러나 제품 개발 현장에서는 감성공학을 매우 광범위한 개념으로 인식하고 사용자나 소비자의 감성에 호소할 수 있는 모든 요소들을 종합적이고 객관적으로 조사하고 연구하는 일을 전반적으로 감성공학으로 부르고 있습니다. 이러한 감성공학은 학문적 분류로 이해하기 보다는 제품 기획, 제조, 판매, 유통업 현장에서 소비자 감성과 관련된 제반 업무를 다룬다고 보시는 것이 더 무난하리라고 생각됩니다.

마지막으로 좀 생소하기는 한데 거시 인간공학분야가 있습니다. 일반적으로 사람이 소속된 사회의 구조와 전반적인 시스템은 개개인이 직접 몸으로 느끼는 영향을 주지는 않더라도, 결국에는 사람의 심리와 행동에 중요한 영향을 미치게 됩니다. 그러므로 인간이 소속되어 있는 조직과 사회의 구조와 구성이 어떤 형태로 발전되어야 인간에게 긍정적인 영향을 미칠 수 있는지를 인간공학적인 관점에서 연구하는 학문입니다. 실제로 위에서 언급한 인간공학 분야라는 것은 매우 세부적인 내용을 다루고 있어서(손잡이를 개선하거나, 핸드폰 메뉴를 바꾸는 일 등) 실제로 회사가 이러한 일을 할 수 있는 조직과 업무 프로세스를 갖추고 있는지에 대해 평가하거나 개선하기에는 어려운 면이 있습니다. 그래서 거시 인간공학은 이러한 조직과 시스템 전반의 문제를 종합적인 관점에서 다루고 개선하는 데 관심이 있습니다. 대표적인 것이 제조업 현장에서 '인간공학 프로그램'이라는 근골격계질환 예방 및 관리 프로그램을 전사적으로 운영하는 경우를 많이 볼 수 있습니다. 경영학적인 접근과도 유사한 면이 있을 수 있으나 인간공학의 전문성이 필요하면서 전체적인 시스템을 개선해야 할 때 거시 인간공학이 매우 유용하게 사용될 수 있고 새로운 학문의 분야로 각광받고 있습니다.

4. 인간공학을 공부하려면 어떤 학과를 가서 어떻게 공부해야 하나요?

산업공학과를 지원하는 것이 가장 무난한 방법입니다. 인간공학 프로그램이 가장 잘 되어 있는 곳이 산업공학 관련 학과입니다. 산업공학이나 인간공학이나 최적의 시스템을 설계하고 운영하자는 데는 동일한 지향점이 있습니다. 설명하자면, 산업공학에서의 중요한 목적 중 하나는 효율적인 시스템을 만들고 운영하는 것입니다. 그런데 이 시스템을 구성하고 운영하는 주체가 바로 사람, 인간인 것입니다. 그래서 시스템을 운영하는 사람과 호흡이 잘 맞도록 시스템을 만들어야 합니다. 그래서 인간공학의 산업공학에서의 역할은 인간-기계 시스템 또는 인간-컴퓨터 시스템의 설계와 운영에 있습니다. 그래서 인간공학에서 좀 남다른 내용을 다루고 있지만 산업공학의 범주 안에 있다고 보는 것이 가장 적절합니다. 그러나 인간공학의 관련 분야 및 적용 분야는 자동차, 기계, 건축 설계, 재활, 실험 심리, 제품 개발, 소비자 심리, 의류학 등 매우 다양합니다.

현재 인간공학을 가르치는 대학의 학과는 산업공학 관련 학과와 일부 디자인대학이 있습니다. 인간공학의 이론부터 착실히 배우려면 산업공학 관련학과 중 인간공학 커리큘럼과 교수님이 계신 학과를 선택하면 됩니다. 물론 대학교 학부과정에서는 몇몇 과목만을 이수하게 되어 있어 본격적으로 인간공학을 공부하고 싶다면 대학원에 진학하여 본격적으로 공부하고 이 분야로 진출할 수 있습니다. 인간공학 분야는 다학제적인 성격이 강하기 때문에 대학원에서 추가적인 학습을 하는 것이 이 분야로 진출하는 데 매우 필요합니다.

5. 인간공학을 공부하고 나면 졸업 후 진로는 어떤가요?

산업공학을 전공하고 인간공학 과목을 수강한 사람은 산업공학도로 일을 하면서 인간공학 관련 업무에 참여하여 개인의 능력을 발휘할 수 있습니다. 특히 안전공학과 인간공학기사 자격증을 취득하면, 제조업 현장에서 안전관리자로서 근골격계 질환 예방 업무를 하게 됩니다. 만일 능력이 인정된다면 산업공학도로서 현장 공장장까지도 승진이 가능합니다. 전국의 제조업 사업장이 대상이 됩니다.

또한 졸업 후에 제품 개발 업무에 뛰어들 수 있습니다. 이 경우에는 석사학위 소지자인 경우에 전문 인간공학 업무를 할 수 있는 기회가 더 많이 주어지게 됩니다. 그 중에 하나가 소비자 가전제품을 만드는 데 필요한 사용성 평가(Usability Evaluation)이고 가장 대표적인 업무라고 할 수 있습니다. 이때는 인간공학자(Ergonomist)라는 타이틀보다는 사용성공학자(Usability Engineer)라는 타이틀로 일하게 됩니다. UI(User Interface)전문가라는 타이틀을 갖기도 합니다. 현재 대부분의 소비 제품을 만드는 대기업은 사용성 공학자를 고용하고 있거나, 사용성 평가를 대행해주는 업체와 계약을 맺고 일을 하고 있습니다. 여러분이 갖고 있는 핸드폰이야말로 사용성 공학의 결정판이라고 할 수 있습니다. 국내 가전사, 통신 사업자, 자동차 회사, 각종 가정용 가구, 시설을 판매하는 회사에 취업할 수 있습니다.

대학원에 진학하고 공부에 욕심이 있는 사람이 있다면 강추입니다. 현재 국내의 인간공학적 수요에 비해 전문가의 수가 많이 부족합니다. 대부분의 전문가들은 대학에 포진되어 있으며 현재 회사에서 연구직으로 꾸준히 인간공학 전공자를 고용하고 있는 추세입니다.

6. 대학원에 가면 어떤 공부를 하나요?

아하, 골치 아픈 얘기를 듣기 원하나요?

인체공학을 전공하고 싶으면 사람의 신체 사이즈와 동작 등을 연구하는 인체측정학(Anthropometry)과 생체역학(Biomechanics)을 공부해야 합니다. 생체역학은 사람을 뼈와 근육으로 구성된 기계로 가정하고 사람의 몸에 가해지는 힘이나 움직일 때 발생하는 속도 등을 측정하는 학문입니다. 이러한 공부를 통해서 운동역학(Sports Biomechanics)

을 공부하게 되면 운동선수들의 기록 갱신이나 경쟁력을 증진시키는 데도 활용할 수 있습니다. 물론 산업체 근로자들이 어떻게 하면 다치지 않고 일을 할 수 있는지 방법을 찾아주기도 합니다. 근골격계질환(Musculoskeletal Disorders) 예방이라고 해서 가장 많이 응용되고 있는 분야이기도 합니다. 인지인간공학 분야를 전공하고 싶으면 우선 인지 심리학(Cognitive Psychology)을 좀 공부해야합니다. 그리고 대부분의 연구가 실험과 분석으로 이루어지기 때문에 실험디자인(Experimental Design)을 잘하고 결과를 잘 분석하기 위한 통계(Statistics) 공부가 필수입니다. 일부 과목들은 산업공학 학부과정에서 공부하기 때문에 산업공학도들이 인간공학 대학원에 진학했을 때 유리한 점이 많이 있습니다. 위의 두 분야를 고루 공부하고 나면 감성공학이나 거시 인간공학을 공부할 수 있는 기초가 다져집니다. 감성공학을 공부하기 위해서는 추가적으로 감성생리신호에 대한 공부나 감성 측정법에 대한 공부를 해야 합니다. 또한 거시적 인간공학을 공부하려면 사회심리나 조직이론에 대한 견문을 넓힐 필요가 있습니다. 어쨌든 인간공학의 적용대상은 너무 다양하기 때문에 개인이 갖고 있는 다양한 지식을 총동원해야만 문제가 해결되는 경우가 있습니다. 이를 위해 다양한 분야의 지식을 꾸준히 습득하는 것이 중요합니다.

7. 인간공학에 관심이 있는 학생들에게 한마디해 주십시오.

인간공학은 그야말로 인간과 공학을 함께 공부하는 학문입니다. 인간이라는 변화무쌍한 존재가 고도로 발달된 산업 사회와 어떻게 사이좋게 서로를 존중하면서 살아갈 수 있을지를 탐구하는 학문이라고 생각합니다. 공학에서 배우는 새롭고 흥미로운 과학적 사실들과 심리학이나 생리학에서 배우는 오묘한 인간의 모습을 조화롭게 연결해서 제품이나 시스템을 설계한다는 것은 매우 매력적인 일입니다. 인간은 복잡 미묘하지만 진화의 속도가 매우 느리고, 기술이나 제품은 인간에 비해 단순하지만 변화의 속도가 매우 빠르게 진행되는 두 가지 상반된 대상을 다루는 것은 매우 흥미롭고 도전될 만한 일입니다. 인간과 공학 두 가지 모두에 흥미를 느낀다면 한번 도전할 만한 분야라고 생각합니다. 평생을 투자해도 계속 새롭고 흥미로운 분야일 테니까요.

공학의 마에스트로

산업
공학

최적화 – 효율을 추구하는
인간 본성에 부합하는 학문

고려대학교 정보경영공학부 류홍서 교수
hsryoo@korea.ac.kr

최적화 – 효율을 추구하는 인간 본성에 부합하는 학문

대부분의 사람들은 되도록이면 노력을 적게 들이고 적은 비용으로 보다 나은 결과를 얻고자 합니다. 이러한 원칙들은 사람들의 의사결정과 행동방식에 영향을 미칩니다. 가령 최신 노트북을 구입하고자 한다면 인터넷을 검색하거나 부지런히 발품을 팔아 최대한 저렴한 가격이면서, 성능도 우수한 제품을 구매하고자 할 것입니다.

'최소한의 비용으로 최선의 결과 얻기'를 목표로 하여 효율성의 극대화를 추구하는 최적화(最適化, optimization)는 이러한 인간의 본성에 가장 잘 부합하는 개념이라 할 수 있습니다. 여기서 효율성을 정의하자면 다음과 같습니다.

$$효율성 = \frac{생산량(결과)}{투입량(노력)}$$

즉, 효율성 증대는 생산량 대비 투입량을 줄이거나, 투입량 대비 생산량을 늘리거나, 혹은 투입량 감소와 생산량 증대를 동시에 이룸으로써 가능해집니다.

1750년 산업혁명 전후에 새로운 '경영'에 대한 학문으로 태동한 초기 산업공학의 주된 관심사는 과학적 관리 및 최적 운영을 통한 생산성 및 효율성 극대화에 있었고, 효율성 증대에 대한 요구는 이 학문이 생겨난 초기부터 기본적인 패러다임으로 자리 잡았습니다. 노동자의 작업 동작을 분석하여 가장 이상적인 작업 방식과 환경을 설계함으로써 노동 생산성 및 효율성 증대를 이루려던 동작분석기법이 대표적인 예라 할 수 있습니다. 또 미시적으로는 제품 생산과정 공정(operations)을, 거시적으로는 개별 공정으로 구성된 생산시스템을 최적으로 설계 융합 통제하여 생산성을 극대화하는 데 목적을 두고 있는 시스템 최적화 및 운용연구 등도 그에 대한 예들이라 할 것입니다. 특히, 후자의 경우를 1941년 제2차 세계대전 발발 당시 미국이 병력과 군수 물자 이동과 배치 등의 체계적인 군대 운용에 관한 연구로 응용하기 시작했는데, 이것이 나중에 운용과학(operations research)이라는 연구 분야를 탄생시키기에 이릅니다.

공학의 마에스트로, 산업공학

최적화 연구는 체계적 운용연구의 가장 근본적이고 효과적인 도구로서 이후 운용과학과 이를 포함하는 산업공학의 발전과 성장에 크게 이바지하였습니다. 또한, 최근에는 생물정보학(bioinformatics)과 금융공학(financial engineering) 등 새로운 융합학문 연구에서도 그 쓰임새를 인정받아 활용되고 있습니다.

최적화문제의 형식과 유형

최적화 문제를 해결하려면 우선 최적화하고자 하는 대상과 주어진 제약 조건이 명확해야 하고, 그들을 정량적으로 분석하여 해당 문제를 수리적으로 모형화해야 합니다. 이렇게 수리 모형화된 최적화 문제는 다음의 세 가지 필수 요소를 가집니다.

> ▶ 목적함수(目的函數, Objective Function)
> ▶ 제약식(制約式, Constraints)
> ▶ 함수와 식을 정의하는 결정변수(變數, Decision Variables)
>   의 성격

생소하다면 아래 예제의 수학문제는 어떨까요?

예제. [−3, 1.5] 사이의 값을 가지는 실수변수 x에 대해 비용(cost)함수 $f(x) = x^3 - 3x + 2$가 가질 수 있는 최소값을 구하시오.

구하고자 하는 최소값은 '-16'인 문제는 당연히 최적화 문제이고 다음과 같이 모형화될 수 있습니다.

▶ 목적함수: $f(x) = x^3 - 3x + 2$; 최소화

▶ 제약식: $x \geq -3$, $x \leq 1.5$

▶ 결정변수의 성격: x는 실수

글 서두에서 언급한 노트북 구매 문제 역시 다음처럼 최적화 문제로 나타낼 수 있습니다.

▶ 목적함수: 구매가격; 최소화

▶ 제약식: 1. 노트북 기종 및 사양

　　　　　2. 사은품의 종류와 개수

　　　　　3. 가격 검색 및 비교를 위한 소요시간(예를 들면 2시간 이하)

▶ 결정변수의 성격: 0 또는 1(모든 판매자는 결정변수를 가지고 이 중 한 곳은 문제 해결과 동시에 1의 값을, 나머지는 0의 값을 가지게 된다.)

최적화 문제는 문제에 포함된 목적함수와 결정변수의 성격에 따라 연속 선형 문제, 연속 비선형 문제, 정수 선형 문

제, 정수 비선형 문제, 혼합 (연속 및) 정수 선형 문제, 혼합 (연속 및) 정수 비선형 문제 등으로 구분됩니다. 위의 첫 번째 예제에서 주어진 최적화문제는 실수변수/연속변수로 정의된 직선(선형)이 아닌 곡선(비선형) 함수를 포함하는 문제라는 점에서 '연속 비선형 최적화문제' 입니다. 만약 이 예제에서 결정변수의 성격이 'x는 정수' 로 주어진다면 해당 문제는 '정수 비선형 최적화문제' 로 분류될 것입니다. 상기 노트북 구매 문제는 0과 1의 결정변수를 가지는 전형적인 정수 최적화문제입니다.

최적화문제의 예

현대인의 생활필수품 내비게이션을 이용한 경로탐색

자동차 내비게이션은 GPS(Global Positioning System)로 자동차 위치를 인식해 이를 기기 내에 함께 저장되어 있는 지도에 맞춰 표시해 주는 장치입니다. 따라서 운전자가 출발지와 목적지를 지정하면, 내비게이션은 지도에서 두 지점을 연결하는 경로를 설정한 후 GPS 정보를 이용하여 길을 안내해 줍니다. 이때, 기기에 따라 다소 차이는 있을 수 있으나 내비게이션의 경로 탐색 조건은 다음의 네 가지 중 한두 가지의 조합입니다.

> ▶ 조건 1. 최단거리
> ▶ 조건 2. 고속도로 위주
> ▶ 조건 3. 실시간 교통정보 반영(일반적으로 유료 서비스)
> ▶ 조건 4. 무료도로 위주

　위의 경로탐색 조건 중 조건 1, 2, 3 모두 운행시간 최소화를 목적으로 합니다. 조건 1의 경우, 내비게이션은 저장된 지도에서 두 지점을 가장 짧은 거리로 연결해 주는 도로들을 골라 최단경로를 찾아냅니다. 조건 2의 경우, 작동 원리는 조건 1과 비슷하지만 '거리가 다소 멀더라도 고속도로를 이용하면 빠른 이동이 가능하다'는 가정이 적용되었을 때 차이가 있습니다. 물론, 고속도로 운행이 불가능한 지역에서는 조건 2가 제외될 것입니다. 조건 3은 도로에 교통량이 많을 경우 운전 시간이 길어진다는 점에서 실시간 교통정보를 반영하여 막히지 않는 도로 위주의 최적의 경로를 제공하게 됩니다. 이와는 다르게, 조건 4는 운행경비 최소화가 목적입니다. 물론 이 경우에도 두 지점을 연결하는 무료도로 중에서 자동으로 채택되는 기본 조건은 조건 1~3 중 하나입니다. 그러나 이 조건은 도로 사용료는 고려하지만, 그 외 총 운행시간 증가로 인한 추가비용과 자동차 연료비 등은 고려하지 못한다는 점에서 운행경비 최소화를 효율적으로 만족시키지 못하는 선택 사항임을 언급해두고자 합니다.

이상에서 내비게이션을 이용한 최적 경로탐색 문제는 다음의 정수 최적화문제와 성격이 같음을 알 수 있습니다.

▶ 목적함수: 운행시간 최소화(조건 1, 2, 3 혹은 그 조합의 경우) 또는 운행경비 최소화(조건 4의 경우)

▶ 제약식: 내비게이션에 저장된 지도상의 도로 정보

▶ 변수의 성격: 0 혹은 1(모든 도로는 최적경로를 구축할 수 있는 후보, 즉 결정변수를 이루고, 이 중 문제의 해법으로 결정될 최적경로에 포함되는 도로는 1의 값을, 그 외의 모든 도로는 0의 값을 가지게 됨)

현대 재무론과 금융공학의 포트폴리오 최적화

재산을 늘리고 체계적으로 관리하고자 한다면 자산 포트폴리오를 구축해야 합니다. 자산 포트폴리오란 한 개인의 자산 목록을 일컫는 것으로 재산 증식을 목표로 하는 투자자의 총 자본이 어떤 자산에 어떻게 분배되어 있는지를 알려줍니다. 따라서 재산 증식을 목적으로 하는 사람에게는 포트폴리오의 구축과 관리가 매우 중요합니다.

일반 투자자의 경우 '자산의 총체적 가치 최대화'(목표 1)라는 목표와 이에 상충하는 '투자 위험성 최소화'(목표 2)라는 목표를 동시에 가지게 됩니다. 두 가지 중에서 목표 1만 채택할 경우 투자자는 투자 시점 대비 미래의 가치가 훨씬 더 클 것으로 예상되는 자산을 선호하게 되고, 따라서 그의 포트폴리오는 가치 변동폭이 큰 자산으로만 구성되게 됩니다. 반대로, 목표 2만을 추구하게 되면 투자자의 포트폴리오는 가치 변동폭이 작은 안전한 자산으로만 구성됩니다. 따라서 서로 상충하는 두 가지 투자 목표를 제대로 반영하여 최적의 포트폴리오를 구성하고 관리하는 것은 매우 어려운 작업이라 할 수 있습니다.

이윤을 극대화하되 위험을 최소화하는 포트폴리오 구성에 관한 체계적인 시도는 1950년대에 해리 마코위츠(Harry M. Markowitz)에 의해 처음으로 시도되었습니다. 마코위츠는 두 가지 상충하는 투자목표를 각각 '목적 1 = 투자 수익률'과 '목적 2 = 투자 위험도'로 정의하고 이를 계량화하여 각각 1차 함수와 2차 함수로 나타낸 후 다음의 최적 포트폴리오 구성의 문제를 제안하였습니다.

> ▶ 목적함수: 목적 1(투자 수익률) 최대화
> ▶ 제약식: 1. 목적 2(투자 위험도)를 일정 한도 이하로 제약
>   2. 투자 총액을 일정 한도 이하로 제약
>   3. 기타 다른 투자 제약(예를 들면, 총 투자액의
>   30%는 부동산에, 60%는 주식에, 나머지 10%
>   는 국공채에 투자한다 등의 제약)
> ▶ 변수의 성격: 0 혹은 1(모든 투자 옵션은 결정변수를 이루
>   고, 이 중 투자대상으로 선택되어 포트폴리오
>   에 포함되는 자산은 1의 값을, 그 외는 0의 값
>   을 가짐)

또는

> ▶ 목적함수: 목적 2(투자 위험도) 최소화
> ▶ 제약식: 1. 목적 1(투자 수익률)을 일정 한도 이상으로 제약
>   2. 투자 총액을 일정 한도 이하로 제약
>   3. 기타 다른 투자 제약
> ▶ 변수의 성격: 0 혹은 1(위 모델과 같음)

상기 투자모델이 바로 MV모델이라 부르는 평균 분산 (Mean-Variance, MV) 모델로, MV 모델은 현대 재무이론 및 포트폴리오 이론의 효시가 되었으며, 1990년 마코위츠 에게 노벨 경제학상 공동 수상의 영예를 안겨 주었습니다.

더불어, MV 모델은 한 국가의 예산 책정과 분배, 국가대표 운동선수 선정 등의 조합(組合) 최적을 이용한 다양한 문제의 해법 도구로 사용될 수 있습니다. 여기에서 '조합'이란 단어는 상관관계를 고려하여 최적화를 이루어야 한다는 것으로 매우 중요한 의미를 가집니다. 예를 들자면, 한 투자자가 수익률과 위험성을 함께 고려해야 하는 상황에서 각 자산과 다른 자산 간의 상관관계를 체계적으로 반영하지 않고 개별 자산의 최근 가치 등락 정보만을 이용하여 투자 결정을 내린다면 투자에서의 두 가지 목적 중 어느 하나도 달성하기 어렵게 되는 것입니다.

최적화 연구

일반적으로 최적화란 대상이 되는 문제의 수리적 모형화와 해법, 그리고 결과 분석에 따른 최적화 모델의 수정과 해법 그리고 그 결과 분석을 되풀이하여 수행하는 과정을 총칭하는 것입니다.

최적화는 어렵다

최적화가 어려운 이유는 주어진 문제를 실제적, 효율적으로 계량화하여 정량적인 문제로 전환시키는 작업이 결코

쉽지 않기 때문입니다. 그 한 예로, 위의 MV 투자모형에서, 투자자의 성향과 선호도, 투자 위험에 대한 민감도 등을 계량적으로 측정하여 MV 모델에 사용할 실질적이고도 효율적인 목적 1(수입률)과 목적 2(위험률)의 함수를 구축하는 것은 상당히 어렵습니다. 그러나 무엇보다도 최적화를 어렵게 하는 것은 최적화문제에 내재한 고유의 난해도와 현존하는 최적해법의 한계라고 말할 수 있습니다. 아래에 주어진 투자 문제와 해법 기술로 얘기해보도록 하겠습니다.

개인의 투자가 자유로워진 요즘 우리는 신문 경제란이나 인터넷을 통하여 한국거래소(KRX)에서 거래되는 주식의 시세를 확인하고 실시간으로 주식의 매도와 매수를 결정하는 개인 투자자를 쉽게 볼 수 있습니다. 앞서 소개했듯이, 포트폴리오는 투자가 이루어진 자산의 목록을 의미하며, 주식 투자자들에게 포트폴리오는 자신이 보유하고 있는 주식의 목록과 양을 의미합니다. 이 경우, 투자에 대한 수익률과 위험성을 제대로 반영하여 포트폴리오를 구축하려면 투자자는 투자 대상을 이루는 모든 개별 주식과 이들 주식간의 상호관계를 고려하여 투자 목록을 작성해야 합니다. 그렇다면, 투자자의 요구 대비 최적 포트폴리오를 구축하는 작업은 다음의 매우 간단한 열거방법을 이용하여 해결할 수 있습니다. 우선 포트폴리오를 투자 대상이 되는 모든 주식 수

만큼의 길이를 가진 하나의 목록으로 간주하면, 고려 대상의 포트폴리오는 목록을 처음부터 끝까지 읽어 내려가면서 해당 주식에 투자를 할지(변수 값 1) 안 할지를(변수 값 0) 표시한 0, 1의 수열이 됩니다. 따라서 투자 대안을 이루는 모든 포트폴리오의 수는 $2^{목록의 길이}$가 되고 이중 정량화된 투자자의 목적 1과 2 대비 가장 우수한 점수를 가지는 포트폴리오가 최적 포트폴리오가 됩니다. 이 열거법을 적용하여 한국거래소에서 거래되는 주식 중 100개의 주식을 대상으로 투자 최적화를 시도하면 어떻게 될지 살펴봅시다. 이 경우, 선택이 가능한 포트폴리오의 수는 길이 100인 목록의 각 위치에 0, 1 두 수 중 하나를 배열하는 모든 수로 $2^{100} \simeq 1.268 \times 10^{30}$이 됩니다. 이 중 가장 우수한 포트폴리오를 구축하기 위해서는 이 모든 가능해(可能解, Feasible Solutions)에 대한 목적 1과 목적 2의 값을 계산한 후 그 값이 가장 우수한 포트폴리오를 골라야 합니다. 이 계산에 필요한 연산은 주로 실수 연산에 사용되는 '부동소수점연산(floating point operation)'이란 것인데, 2009년 6월 4일자 인텔사의 홈페이지 정보에 의하면 최신 워크스테이션용 프로세서인 Xeon 5500 프로세서는 이 연산을 1초당 100×10^9회 이상('over 100 Giga floops') 실행할 수 있다고 합니다. 이 프로세서의 계산 속도를 넉넉잡아 초당 200×10^9회라 가정하면 이를 이용하여 1초에는 200×10^9개의 포트폴리오, 1분에는 그 60배, 1시간에는 그 60배의 60배 개수의 포트폴리오를 비교할 수 있다고 예상할 수 있습니다. 따라서 100개의 주식 혹은 투자옵션이 있을 경우에 비효율적인 열거법 기반의 최적 포트폴리오 선택방법을 사용한다면

$$2^{100} \div (200 \times 10^9) \div 60 \div 60 \div 24 \div 365 \simeq 201 \times 10^9$$

라는 계산에 의해 약 201×10^9 년 이상의 시간이 소요된다는 것을 알 수 있습니다. 이 예는 최적화라는 작업이 비효율적인 기법을 이용해서는 불가능하다는 것을 잘 보여주고 있습니다. 또한, 실시간으로 주식시세를 알아보며 Xeon 프로세서보다 느린 두뇌로 주식의 개별성 및 상호관계를 고려하여 최적 투자를 이루려는 투자자들에게 그 방법으로는 수익률과 안정성이 보장된 포트폴리오 구축은 거의 불가능하다는 사실을 일깨워줍니다.

사실 '극소수의 최적화 유형을 제외한 모든 최적화문제는 그 해법이 난해하다' 라고 할 수 있습니다. 그러나 이 말은 극단적인 일반화에서 비롯된 그릇된 발언일 가능성도 있습니다. 어떤 유형의 문제에 내재한 고유난이도를 연구하는 학문으로 전산학의 컴퓨터빌리티/트렉터빌리티(Com putability/Tractability)라는 학문이 있습니다. 이 학문의 미해결 문제 중 하나는 최적화 문제를 포함한 수치화하여 나타낼 수 있는 모든 문제가 쉬운 문제와 어려운 문제 둘 중에어느 하나로 구분될 수 있는지에 관한 'P vs NP(어려운 문제 대 쉬운 문제)'라는 문제인데, 이 문제는 1900년 8월 파리에서 열린 세계수학자대회(International Mathematics Congress)에서 데이비드 힐버트(David Hilbert)가 제안한 20세기의 10대 수학 난제 중의 한 문제입니다. 아직까지 해결되지 못한 이 문제의 현상금은 자그마치 미화 백만 달러나 되니 이 글을 읽는 독자 중 관심이 있으신 분은 '열공' 하시기를 바랍니다.

그러나 최적화는 재밌다

욱! 이 자식 또 침을⋯⋯

컴퓨터 게임을 좋아하는 사람은, 그 게임을 더 잘하기 위하여 식사시간을 아끼고, 밤을 지새워가며 연습합니다. 아무리 게임을 좋아하는 사람도 길거리에 있는 두더지 잡기 게임 같은 단순한 게임을 밤을 새워가며 즐겨하지는 않을 것입니다. 이와 같이 어렵지만 열심히 노력하면 성취할 수 있는 일은 매우 재미있습니다. 최적화 연구는 매우 어렵지만 이런 이

유에서 무척 재밌는 게임과도 같은 것이라 할 수 있습니다.

최적화 연구 중 해법 기술(이론 및 알고리즘) 개발은 최적화문제를 정량적으로 분석하고 그 수리적 특성을 규명하여 보다 효율적인 문제 해법에 도움이 되는 실용적인 이론과 기법을 만들어내는 작업입니다. 이 작업에는 매우 체계적인 아름다움이 있습니다. 이해를 돕기 위해 앞에서 소개한 미분 문제를 예로 들어보도록 하겠습니다.

▶ 목적함수: $f(x) = x^3 - 3x + 2$; 최소화
▶ 제약식: $x \geq -3$, $x \leq 1.5$
▶ 결정변수의 성격: x는 실수

이 문제의 목적함수를 정의하는 독립변수 x의 정의역은 -3과 1.5 사이의 실수로서 이 안에는 무수하게 많은 수의 실수가 존재합니다. 그러나 이 문제를 접하고 이 무수히 많은 실수를 모두 열거, 비교하여 목적함수를 최소화하려는 이는 없을 것입니다. 예를 들면, 미분 가능함수의 속성을 알고 있는 사람은, 먼저 목적함수를 미분하여 $f'(x) = 3x^2 - 3 = 0$의 해 $x = 1$과 $x = -1$를 찾아내고, 이 두 점에서의 함수 값을 정의역의 경계 $x = -3$과 $x = 1.5$에서의 함수 값과

다음과 같이 비교하여 함수의 최소값 −16을 주는 x = −3
을 최적해로 결정할 것입니다.

$$f(-3) = (-3)^3 - 3(-3) + 2 = -16(최소값)$$
$$f(-1) = (-1)^3 - 3(-1) + 2 = 5$$
$$f(1) = (1)^3 - 3(1) + 2 = 0$$
$$f(1.5) = (1.5)^3 - 3(1.5) + 2 = 0.875$$

위의 예에서, 무수히 많은 문제의 가능해 중에서 4개의
후보를 추려내어 그 중에서 최적해를 찾아낼 수 있었던 것
은 '미분 가능한 함수의 경우 최적해는 함수의 1차 미분 방
정식을 0으로 만족하는 수 중에서 혹은 결정변수 정의역의
경계에서 존재한다'는 수리적 속성(최적해의 필요조건)을
사용했기 때문입니다. 물론, 2차 미분의 최적해에 대한 필
요 및 충분 조건을 이용한다면 위 문제의 최적해는 단 2개
의 후보 x = −3과 x = −1을 비교하여 더욱 효율적으로
찾아낼 수 있게 됩니다.

최적화 연구의 묘미는 이와 같이 일반적으로 해법이 어려
운 최적화 문제의 수리적 속성을 하나씩 발견해 이 난공불
락(難攻不落)의 거인이 가진 약점을 찾아내고, 또 그것을
더 효과적이고 효율적으로 공략할 수 있는 해법 도구와 전

공학의 마에스트로, 산업공학

술을 개발하는 체계적인 노력과 작업에 있습니다. 앞서 언급한 바와 같이 최적화 기법을 이용하지 않은 비효율적 방법으로는 100개의 자산에 대한 최적 포트폴리오 작성이 불가능합니다. 그러나, 투자에 대한 이윤과 위험도를 고려한 1, 2차 함수만을 포함하는 MV 투자모델의 경우 그 최적해는 구현된 모델에 대한〈캐러시 쿤 터커 필요 및 충분조건 (Karush-Kuhn-Tucker Necessary and Sufficient Conditions)〉이라는 수학적 속성을 이용하여 구축이 가능하고, 최적화기법을 응용할 경우 4,000개의 자산을 고려한 MV 모델의 최적해 구현은 '눈 깜짝' 할 사이에 가능합니다.[1] 이는 최적화라는 마술을 사용하지 않을 경우 불가능한 일이라 할 수 있습니다.

최적화는 맛도 좋다. 함께하면 더욱 좋다

최적화는 재미만 있는 것이 아니라 맛도 있습니다. 카페나 커피전문점이 들어서기 전 예전의 다방에서 즐겨 마셨던 이른바 '다방커피'는 미군을 통해 들어온 인스턴트 커피였

---

1) 필자의 논문 "A compact mean-variance-skewness model for large-scale portfolio optimization and its application to the NYSE market" (*Journal of The OR Society*, 2007) 참조

습니다. 저가의 향기 없는 로부스타 종(種) 원두를 사용하여 만든 그 시대의 인스턴트 커피는 지금도 한국 인스턴트 커피 시장의 90% 이상을 차지하고 있는데, 로부스타 종 커피의 쓰고 거친 맛을 약화시키고자 사람들은 일찍부터 설탕과 크림(프림)이라는 도우미를 써왔습니다. 가장 맛있는 커피 대 설탕 대 크림의 조합 비율은 사람마다 또 사용하는 커피, 설탕 및 크림의 종류에 따라 다를 수 있지만, 6~70년대부터 인스턴트 커피를 마셔온 수많은 사람들은 '커피 : 설탕 : 프림의 최적비율은 1 : 3 : 2'라는 데 동의하기에 이르렀습니다. 이 비율은 커피믹스의 황금비율이 되었고, 80년대 이후에는 커피자판기 및 D사와 N사 등 1인용 인스턴트 커피믹스에 적용되어 아직까지도 많은 이들에게 값싸고 맛있는 커피를 제공하고 있습니다.

커피믹스의 예와 같이 '여럿이 함께 모인 지혜'는 최적해에 가까울 수 있다는 점을 시사하는 실화가 있어 소개합니다.

프랜시스 골턴이라는 학자가 어느 날 시골 장터에 갔습니다. 그랬더니 황소 한 마리를 무대에 올려놓고 그 소의 몸무게를 맞히는 퀴즈를 열고 있었습니다. 돈을 얼마씩 낸 뒤, 각자 소의 몸무게를 종이에 적어 통에 넣고 제일 가깝게 맞힌 사람이 각자가 낸 돈을 모두 가져가는 것입니다. 프란시스 골튼이 지켜보던 날은 800명이 이 행사에 참가했습니다. 그는 사람들이 소의 몸무게를 얼마나 맞힐 수 있을까에 대해 궁금했습니다. 아마 아무도 못 맞힐 것이라고 생각했지요. 통을 열어 확인해보니 정말 맞힌 사람이 없었습니다. 그걸 조사해 보니 13명은 무엇을 적었는지 판독이 불가능했습니다. 그걸 빼면 787장이 남는데, 거기에 적힌 숫자를 다 더해서 다시 787로 나눴더니 1197파운드라는 숫자가 나왔습니다. 그런데 소의 몸무게가 얼마였는지 아세요? 1198파운드였습니다. 어쩌면 소의 몸무게가 1197파운드였을지도 모르지요. 저울이 틀렸을 수도 있으니까요. 그것을 보고 프란시스 골튼은 크게 뉘우쳤습니다. 단 한 사람도 맞히지 못했지만, 여러 사람의 판단이 모이니까 정확한 몸무게를 맞힐 수 있었던 거죠. ('여럿이 함께' (프레시안북, 2007), 본문 50∼51쪽 중)

결론

빛의 삼원색 Red(적), Green(녹), Blue(청) 3색을 이용하는 RGB 방식은 텔레비전과 컴퓨터 모니터 그리고 기타 빛을 이용하는 모든 표시 장치에서 채택하는 자연색 생성 기법입니다. 자연의 모든 색이 RGB 단 3가지 색으로부터 만들어질 수 있다는 사실은 누구나 알고 있고 당연하게 여기는 일이지만, 생각해 보면 매우 신기한 일이 아닐 수 없습니

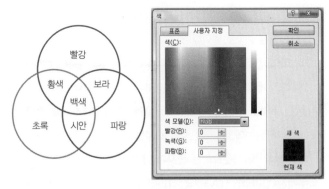

그림 1 • RGB의 기본 원리. 모든 색은 빨강, 파랑, 초록 3색의 조합 및 비율과 혼합된 색의 온도, 색조 및 채도를 조정하여 생성할 수 있다. 오른쪽은 컴퓨터 프로그램의 색상 조절 컨트롤 상자를 캡처한 사진.

다. 그리고, 필자는 RGB가 최적해의 우수성을 입증하고 동시에 최적화의 필요성과 당위성을 제공하는 좋은 예라고 생각합니다. 최적화의 관점에서 보자면 RGB 3색은 '가장 적은 수의 색을 이용하여 모든 색을 생성한다' 라는 일종의 조합최적화문제에 대한 유일한 최적해가 됩니다. 이 문제의 해로 RGB 외에 다른 대안을 찾는 이가 아무도 없듯이 어떤 문제에 대한 최적해는 그것이 무엇인지 알게 되는 순간 다른 대안은 찾을 필요가 없어집니다.

지금까지 필자는 산업공학 분야에서의 최적화라는 학문을 다음의 최적화문제의 해(解, solution)를 구하여 설명하고자 했습니다.

공학의 마에스트로, 산업공학

▶ 多(다)목적함수: 1. 최적화 소개

2. 글의 난이도 최소화

3. 독자의 관심 최대화

▶ 제약식: 1. 필자에게 주어진 기한

2. 필자에게 주어진 지면의 분량

3. 필자의 수업, 연구 및 봉사 일정

4. 기타 제약

▶ 결정변수의 성격:실수 및 정수(어느 이야기를 골라 어떻게 작성할 것인가 결정)

이 글이 상기 최적화문제에 대한 최적해는 아닐지라도 최적화를 이해하는 데 도움이 되는 하나의 근(近, near)최적해이길 바랍니다.

공학의 마에스트로
산업
공학부

나무보다 숲을 볼 줄 아는 안목

한국외국어대학교 산업경영공학부 **최기석** 교수
kchoi@hufs.ac.kr

나무보다 숲을 볼 줄 아는 안목

요즘 휴대폰 없는 사람은 거의 없는 것 같습니다. 가끔 이어폰을 꽂고 걸어가면서 혼자서 말하는 사람을 보고는 정신 나간 사람인 줄 알고 깜짝 놀랄 때가 있습니다. 자세히 보니 이어폰에 뭔가를 꽂고 있었고, 그제서야 핸즈프리로 통화 중이구나 싶어 안심이 되었던 기억들. 마치 미래의 인류를 미리 보는 느낌이랄까 하는 생소한 경험을 했습니다.

많은 사람들이 휴대폰을 쓰다 보니 휴대폰을 파는 곳도 참 많아졌습니다. 도시에서 길을 걷다 보면 어디를 가나 휴대폰 대리점이 눈에 띕니다. 인터넷에서도 휴대폰 파는 쇼핑몰이 참 많아진 것 같습니다. 이런 대리점이나 인터넷 쇼핑몰을 보통 판매자라고 부르죠? 그런데 문득 이런 생각이 듭니다. 판매자들은 그 많은 휴대폰을 다 어디서 가져오는 것일까? 당연히 우리가 잘 아는 휴대폰 메이커들에게서 휴대폰을 공급받을 것입니다. 이렇게 우리가 사용하는 제품을 만드는 기업을 우리는 생산자라고 부릅니다. 그런데 생산자는 제품 생산에 필요한 모든 것을 처음부터 끝까지 만들까요? 그럴 수도 있겠지만 아닌 경우가 더 많을 것입니다. 휴대폰을 겉에서만 보더라도 액정, 자판, 케이스, 스피커, 충전단자 등 여러 가지 부품들로 구성되어 있고, 내부는 더 말할 것도 없이 많은 부품들로 가득 차 있으니까요. 이 많은 부분들을 혼자서 만들려면 꽤나 힘들 것입니다. 생산자는 부품 만드는 공급자에게 부품을 공급받아 최종적으로 조립을 완성할 것입니다.

기본적으로 제품이 최종 소비자에게 도달하기까지는 공급자-생산자-판매자의 단계를 거치게 됩니다. 이 밖에도 배송업체, 물류창고, 위탁생산자, 도매상 등이 중간 중간에 관여하기도 합니다. 휴대폰이 나올 때마다 이렇게 만든 사람들이 꼬리에 꼬리를 물 듯 등장했다가 사라집니다. 이런 일련의 과정을 우리는 공급사슬(Supply Chain)이라고 부르죠. 이런 과정에서 발생하는 여러 문제점들을 해결하여 공

공학의 마에스트로, 산업공학

급사슬이 잘 운영되도록 하는 활동을 공급사슬관리(Supply Chain Management: SCM)라 합니다. 산업공학은 잘 만드는 학문이기 때문에 잘 만들기 위해서는 SCM은 매우 중요합니다. 그럼 이제부터 왜 SCM이 필요한지, SCM에서 해결하려고 하는 문제들을 통해서 알아보겠습니다.

지금 필요한 것은 무엇? 스피드!

바야흐로 스피드 시대입니다. KTX로 세 시간이면 서울에서 부산까지 여행할 수 있고, 사통팔달 고속도로를 이용하면 전국 어느 곳이든지 반나절이면 도달합니다. 교통뿐만 아니라 세계 최고 수준의 초고속 인터넷 보급률로 언제든 쉽고 빠르게 원하는 정보를 이용할 수 있는 세상입니다.

이처럼 잘 발달된 교통망과 통신망은 사람들의 일상생활에 여러 가지 편리한 서비스를 제공해 주고 있습니다. 대표적으로 택배 서비스를 들 수 있습니다. 예전에는 소포를 부치고 받으려면 며칠씩 걸리고 우체국에도 직접 들러야 하는 등 번거롭기 짝이 없었습니다. 지금은 당일배송을 표방하는 사이트가 점점 늘고 있어 아침에 주문하면 퇴근 때 받아볼 수 있는 시대가 되었습니다. 제품을 주문하는 것도 매우 편리해졌습니다. 구매할 제품을 인터넷에서 검색하고 받을 주소 등의 정보만 입력하면 되니까요. 예전에는 물건을 싸게 사기 위해 다리품을 팔며 매장을 일일이 돌아다녀야 했으니 참 편리해지고 빨라졌다고 할 수 있습니다.

환경이 바뀌면 사람도 바뀌나 봅니다. 스피드 시대가 되니까 사람의 마음도 조급해지는 것 같습니다. 예전에는 며칠씩 걸려 주고받던 편지가 이제는 거의 사라졌습니다. 정성껏 편지를 써서 마음을 전하는 일도 줄어들었지요. 손으로 쓴 글씨에 정다움을 느낄 수 있어 좋지만 초스피드 시대에는 그런 과정들이 너무 느리게 느껴지니까요. 택배회사에서 배송추적은 이제 모든 인터넷 쇼핑몰의 필수 기능이 됐습니다. 주문한 물건은 최소한 다음 날이면 도착해야 하고 지금 어디쯤 오고 있는지 볼 수 있어야 안심이 됩니다. 그렇지 못하면 고객들은 물건을 사지 않으니까요.

이러한 기업환경에서 고객의 요구에 빠르게, 그것도 과다한 비용을 들이지 않고 대응하는 방법을 연구하는 것이 바로 SCM이라고 할 수 있습니다.

고객은 왕이다, 서비스 수준을 높여라!

고객은 왕이라는 말을 아시죠? 아무리 제품을 '잘' 만들어도 고객이 찾지 않으면 무슨 소용이겠습니까? 판매자는 고객이 원하는 것을 만족시켜줘야 합니다. 그래야만 경쟁에서 살아남을 수 있습니다.

요즘 고객이 원하는 것 중 하나가 스피드입니다. 판매 후기 중에서 가장 많이 볼 수 있는 문장이 '빠른 배송 감사합니다' 입니다. 또 '제품은 쓸 만한데, 배송이 너무 늦네요.' 이런 리플은 제품에 문제가 있다는 리플만큼이나 판매에 악영향을 미칩니다. 고객이 만족하려면, 즉 고객 서비스 수준을 높이려면 배송까지 걸리는 시간을 줄여야 살아남을 수 있으니 판매자 입장에서 거래하는 택배사를 잘 선택하는 것이 사업을 잘 하게 되는 중요한 요인이라 할 수 있습니다.

고객 서비스 수준이 높으면 고객의 재구매로 이어질 것이고 쇼핑몰에 대한 평판도 좋아져서 다른 고객들도 많이 찾아오게 됩니다. 반면에 배송까지 걸리는 시간이 길어지면 길어질수록 고객이 느끼는 서비스 수준은 낮아지게 됩니다. 주문한 물건을 늦게 배송 받으면 고객은 다시는 그 쇼핑몰에 주문을 하지 않을 것이고 그 쇼핑몰에 대한 평판도 나빠질 테니까요. 판매자의 고민은 여기서부터 시작됩니다. 주문 받는 즉시 배송을 하면 아무 문제가 없을 것입니다. 그렇게 하기 위해서는 고객이 주문할 제품을 항상 가지고 있어야 합니다. 그런데 이것이 항상 가능한 일일까요? 이처럼 SCM에서는 서비스 수준은 어떻게 측정하는 것이 바람직하며, 적정한 서비스 수준은 어느 정도인지, 서비스 수준 목표는 어떻게 달성하는 것이 효과적인지 등을 연구합니다.

재고는 필요악!

판매자는 항상 일정 수준의 재고를 보유하고 있어야 합니다. 재고는 고객에게 판매할 제품을 미리 가져다 놓은 것입니다. 재고가 충분하면 고객이 주문하면 즉시 제품을 배송해 줄 수 있으니 초스피드 시대에 경쟁력을 높일 수 있습니다. 반면에 재고가 부족하면 고객이 주문했을 때 배송할 제품이 없는 경우가 발생할 수 있습니다. 이런 경우에 고객서비스 수준은 낮아지고, 쇼핑몰의 브랜드 가치가 떨어지는 결과를 낳게 됩니다.

그렇지만, 기업 입장에서는 고객 서비스 수준을 높이기 위해 무조건 많은 재고를 보유할 수는 없습니다. 왜냐하면 재고는 바로 돈이기 때문이죠. 재고는 앞으로 고객에게 판매하기 위해 미리 생산자로부터 사다 놓은 제품입니다. 재고를 많이 보유하기 위해서는 그만큼 많은 돈이 들고 이 돈은 재고가 팔려야만 비로소 회수할 수 있습니다. 따라서 많은 재고는 자금압박의 원인이 되어 기업을 부도에 빠뜨릴 수도 있지요. 또한, 많은 재고를 보유하고 있다가 팔리지 않게 되면 판매자는 큰 손해를 입게 됩니다. 따라서, 판매자 입장에서는 재고는 적으면 적을수록 좋습니다. 그러나, 앞에서 보았듯이 재고가 적으면 고객 서비스 수준이 낮아지기 때문에 무작정 재고를 적게 보유할 수만도 없습니다.

결국 재고는 판매자에게는 없으면 좋겠지만 그럴 수는 없는 필요악인 셈이라 하겠지요.

재고는 곧 돈이다!

그렇다면, 과연 아예 없으면 좋겠지만 그래도 어느 정도는 있어야 하는 재고의 적정한 수준은 어느 정도일까요? 적정 재고수준은 고객의 주문량에 따라 달라집니다. 고객 주문이 많은 제품은 보유해야 하는 재고도 많아야 할 것이고, 고객 주문이 많지 않은 제품은 재고를 조금만 유지해도 될 것입니다. 만약 판매자가 고객이 얼마나 주문할지 미리 알고 있다면 어떨까요? 당연히 고객이 주문할 만큼만 재고를 가지고 있으면 될 것입니다. 그러면, 고객 서비스 수준도 높이면서 팔리지 않는 불필요한 재고는 없게 됩니다. 그러나, 고객이 언제 얼마나 주문할지를 정확하게 예측하기가 쉽지 않습니다.

재고와 관련하여 SCM에서는 적정한 재고량 결정, 부족한 재고를 보충하는 최적의 시기 등을 결정합니다.

예측은 틀리기 마련!

미래의 일을 정확히 알 수 있다면 얼마나 좋을까요? 내일 비가 올지 안 올지를 미리 안다면 우산을 안 가져가 낭패를 보는 일은 없을 것입니다. 내일 주식 시장이 오를지 내릴지 오늘 미리 안다면? 생각만 해도 흐뭇한 일일 것입니다. 표정 관리가 안 될 만큼 말입니다. 그러니 많은 사람들이 앞으로 일어날 일에 관심을 가지고 미리 알고 싶어하는 것입니다.

판매자가 관심을 가지고 미리 알고 싶어 하는 것 중에 하나는 고객의 수요일 것입니다. 수요가 높은 제품, 즉 많이 팔릴 제품은 미리 재고를 많이 확보하고 있어야 제품이 없어서 못 파는 일을 막을 수 있으니까요. 반대로, 수요가 낮은 제품은 재고 보유 수준을 낮추어야 팔리지 않는 재고로 인한 손해를 줄일 수 있습니다.

그렇지만 타임머신이 발명되면 모를까 누구도 내일 주가를 미리 알 수는 없습니다. 그러나 주식에 관심 있는 사람은 누구나 예측을 하게 되어 있습니다. 오늘 올랐으니 내일은 내릴 것이다, 이번 달까지는 오르다가 다음 달에는 추세가 꺾일 것이다, 올해 말까지는 하락세를 유지하다가 내년부터 상승세로 돌아설 것이다 등등. 이런 예측을 하는 방법에는 여러 가지가 있을 것입니다. 예측하는 사람은 경험을 이용할 수도 있고, 주가에 연관이 있는 여러 요인을 고려하여 예측할 수도 있고, 과거 주가 데이터를 통계적으로 분석하여 앞으로의 주가를 예측할 수도 있겠지요.

이런 여러 기법들은 판매자가 고객의 수요량을 예측하는 데도 활용되고 있습니다. 판매자는 과거의 판매 경험으로부터 어떤 제품이 언제 얼마만큼 팔릴지 예측합니다. 특히 고객을 직접 상대하고 주문을 받는 경험 많은 영업부서의 직원들이라면 아무래도 이런 예측을 잘 할 수 있을 것입니다. 또한 과거 판매 데이터를 통계적인 여러 가지 기법들로 분석하여 앞으로의 수요를 예측할 수도 있을 것입니다. 예를 들어, 과거 판매량이 지속적으로 증가해 왔다면 앞으로도 수요가 증가할 것이라고 예측하는 것이 타당하겠지요. 또한, 매년 여름철에 판매량이 많았던 제품이라면 올해도 여름철에 수요가 증가할 것이라고 예측을 할 수 있을 것입니다.

앞으로 예상되는 판매량에 맞추어 재고 수준을 조정하기 위해 수요 예측을 하지만, 대부분의 경우 실제 수요량은 예측과 다른 경우가 많습니다. 예를 들어, 100개 주문이 들어올 것으로 예측된 제품이 90개만 팔리기도 하고 또는 110개나 주문이 들어와서 10개 주문은 충족시켜주지 못하기도 하는 식으로 말입니다. 예측과 똑같이 100개의 주문이 들어오는 경우는 거의 일어나지 않습니다. 마치 주가가 예측과 정확히 일치하는 경우는 거의 없는 것처럼 말입니다. 그렇다면, 어차피 틀릴 예측은 왜 하는 것일까요?

SCM은 여러 예측기법들을 고려하여 바람직한 방법을 제안하며, 예측의 정확도, 오차 등을 측정하여 예측기법을 개선하는 방법 등도 포함하고 있습니다.

계획은 바뀌기 마련!

판매자는 판매하는 제품을 도매업자에게 공급 받거나 또는 직접 생산합니다. 도매업자는 다시 생산자에게 제품을 공급 받습니다. 물론 판매자가 제품을 직접 생산하는 경우에는 판매자가 곧 생산자이기 때문에 도매업자를 거치지 않겠지만 말입니다. 생산자가 제품을 생산하는 데에는 일정한 시간이 걸리게 마련입니다. 판매자는 이러한 생산에 필요한 시간을 감안하여 미리 제품 생산을 주문해야 원하는 시기에 제품을 공급받을 수 있습니다. 판매자가 고객 주문을 받고 생산자에게 제품 생산을 요청하면 생산 시간만큼 배송이 늦게 됩니다. 결국 판매자는 고객의 주문을 받기 전에 미리 고객 주문을 예측하여 생산자에게 제품 공급을 요청해야 하고, 생산자는 판매자로부터 이런 수요예측 정보를 받아 언제 얼마나 제품을 생산할지 계획을 세워야 합니다.

생산 계획을 수립할 때 판매자의 수요예측 정보가 중요한 역할을 하지만, 그렇다고 꼭 판매자의 수요예측이 그대로 생산계획으로 이어지는 것은 아닙니다. 생산자도 나름대로 고려해야 할 사정이 있을 것입니다. 대표적인 것이 생산능력입니다. 제품생산을 위해서는 생산설비나 노동력과 같은 자원이 필요한데 이는 한계가 있게 마련입니다. 즉, 일정 기간 동안 최대로 생산할 수 있는 양이 한정되어 있습니다. 수요예측이 이렇게 한정된 생산능력보다 높은 경우에는 미리 생산을 시작하도록 계획을 수립해야만 할 것입니다. 예를 들어, 6월 수요예측이 500개인데 월별 생산능력이 300개라면, 6월에 500개를 모두 생산할 수 없으므로 미리 5월에 200개를 생산해 놓도록 계획을 수립해야겠지요.

따라서 계획에 따라 생산이 이루어지고 있는지 생산실적을 점검하는 것이 매우 중요합니다. 왜냐하면 마치 수요예측이 대부분 틀리듯이, 많은 경우 계획과 실적에 차이가 발생하기 때문이지요. 그 원인은 주로 계획을 수립할 때는 예측하지 못했던 일이 발생하는 데에 있습니다. 가령 생산 설비가 고장이 나거나 또 다른 이유로 생산시간이 예상보다 길어지는 결과가 발생할 수 있으니까요.

이렇게 계획과 실적 간에 차이가 발생하면 원래 계획대로 판매자에게 제품을 공급해 줄 수 있도록 계획을 수정할 수밖에 없습니다. 그 밖에도 수요예측이 변경되거나 긴급 주문이 발생하면 생산계획이 또 변경될 것입니다.

SCM의 생산계획 부분에서는 여러 가지 사항들을 고려하여 필요한 양을 언제, 얼마씩 생산하는 것이 비용, 시간, 자원효용 등의 측면에서 유리한지를 결정합니다.

같이 살자! 상생의 정신아!

계획에 따라 제품을 생산하기 위해서는 자재, 설비, 인력 등의 자원이 필요합니다. 자원이 부족하면 계획한 생산을 할 수 없어 충분한 제품 공급이 늦어지고 결국 고객 불만족으로 이어져 기업에 악영향을 미치게 될 것입니다. 필요한 자원이 적기에 공급될 수 있도록 하는 것도 기업 경영의 중요한 부분입니다.

생산에 필요한 자원 중에서 자재는 외부로부터 공급을 받는 경우가 대부분입니다. 우리 회사 제품을 생산하기 위해서 다른 회사로부터 원료, 부품, 반제품 등을 구매하는 것이죠. 제품구조가 복잡해지고 분업화가 발달되면서 이런 기업 간의 연계는 그 중요성이 더욱 커지고 있습니다. 구매하는 회사는 좋은 품질의 자재를 낮은 가격으로 적시에 공급받기를 원하고, 공급하는 회사는 높은 가격에 일정한 수량 이상을 일정하게 판매할 수 있기를 원합니다.

여기에서 양측의 이해관계 충돌이 발생하게 되죠. 구매하는 측은 필요할 때 필요한 수량만을 구매하는 것을 선호할 것입니다. 제품을 생산할 때 생산에 사용되는 수량만 구매한다면 불필요한 재고가 없어지니까요. 그러나 자재를 공급하는 측에서 이러한 적시적량 공급은 충족하기 어려운 요구조건일 수 있습니다. 일반적으로 생산량은 고객의 수요에 따라 결정되기 때문에 변동성이 크니까요. 자재 주문량이 갑자기 늘어나면 공급하는 측에서는 설비, 인력과 같은 자원이 많이 필요하기 때문에 이런 자원을 많이 확보하고 있어야 하는 부담이 있습니다. 반면, 주문량이 줄면 확보해 놓은 자원의 활용도가 낮아져서 공급하는 회사는 손해를 보게 됩니다. 가격 측면에서도 구매하는 측은 보다 낮은 가격으로 공급 받기를 희망하고, 공급하는 측에서는 적정 이윤이 보장된 가격에 공급하기를 원합니다. 가격은 구매자가 공급자를 선정할 때 중요한 기준이며, 일부러 복수의 공급자를 선정하여 가격 경쟁을 유도하기도 합니다. 공급자가 많을수록 가격 경쟁은 심해지고 구매자의 파워가 커지게 마련입니다. 반대로 공급자가 적은 자재는 구매자보다 공급자의 협상력이 더 커지게 되겠죠.

장기적 관점에서는 공급자와 구매자 양쪽에 이익이 될 수 있도록 거래가 이루어지는 것이 바람직합니다. 지나친 가격 인하는 공급자의 경영상태를 악화시켜 품질 저하, 납기 지연 등으로 이어져 구매자에게 악영향을 미치게 되겠지요. 우수한 품질의 제품을 안정적으로 공급 받을 수 있도록 공급자에게 적정 이윤을 보장하는 것이 필요한 이유입니다. 공급자가 주도권을 가진 경우에도 지나친 가격 인상은 구매자에게 대체자재 사용, 타 공급원 모색 등을 고려하

공급자   구매자

공급자-구매자, 상생의 관계

게 하여 주문 감소로 이어질 가능성이 높아집니다. 결국, 지나친 가격 인하 또는 인상은 단기적으로는 구매자 또는 공급자의 이윤 향상을 가져올 수 있어도, 장기적으로는 거래 감소로 이어질 수 있기에 공급자와 구매자의 관계는 서로의 이익을 고려하는 상생의 관계가 바람직하다고 할 수 있습니다.

SCM의 공급자관리 부분에서는 어떤 기준으로 공급자를 선정하는 것이 바람직한지, 공급계약에는 어떤 조건들이 포함되어야 하는지 등을 사용자에게 제시하고 있어야 합니다.

나무보다 숲을 보자! 공급사슬관리

앞에서 살펴본 바와 같이 고객에게 어떤 물건을 판매하기까지는 여러 단계를 거친 다양한 활동이 일어납니다. 고객의 주문을 접수하고 처리하여 배송해 주어야 하고(판매) 이를 위해서는 적정한 재고를 적정한 장소에서 관리하고 필요한 곳으로 운송해 주어야 합니다(물류). 제조업체는 고객의 주

은행 나무
일꺼야...
그렇지?

문을 반영하여 계획을 세워 제품을 만들어야 하고(생산),
이 때 필요한 자재는 공급업체로부터 조달합니다(구매).
이러한 일련의 과정을 공급사슬(supply chain)이라고 하며,
이 과정에는 일반적으로 여러 기업이 관여하게 되기 때문
에 전체적인 관점에서 공급사슬을 관리하는 것은 쉬운 일
이 아닙니다. 기업은 자신의 이익을 최대화하는 방향으로
의사결정을 하게 마련인데, 이는 전체 공급사슬 측면에서
비효율성의 원인이 되기도 합니다.

공급사슬에서 대표적인 비효율성의 예로 채찍효과(bull-
whip effect)라는 것이 있습니다. 가령 공급사슬의 한 쪽 끝
인 판매자가 고객의 수요를 100이라고 예측했다고 합시다.
판매자는 이 예측보다 고객의 수요가 많은 경우를 대비하여
안전재고라고 부르는 10%의 여유분을 포함하여 110개를
생산자에게 주문했다고 가정합니다. 생산자는 110개의 주
문을 받고 향후 주문이 증가하는 경우를 고려하여 10%의
여유분을 포함하여 모두 121개를 생산하기로 계획하겠지
요. 만약 한 개의 부품을 생산하기 위해 한 개의 자재가 필
요하다면 생산자는 공급자에게 121개 자재 구매요청을 할
것입니다. 구매자도 앞으로 구매량이 증가할 경우에 대비
하여 10%의 여유분을 추가로 생산한다면 약 133개의 자재
가 생산될 것입니다. 결국 고객의 수요 100개가 공급사슬을
거치면서 점점 커지면 공급자에 이르렀을 때는 약 33%가

증가한 133개로 증가하게 되는 것입니다. 마치 채찍 손잡이 부분을 조금만 올렸다 내려도 그 파동이 점점 커져 채찍 끝 부분이 크게 오르내리게 되는 것과 유사하여 이를 채찍효과라고 부릅니다. 이런 채찍효과는 공급사슬에 과도한 재고를 발생시켜 비효율성을 가져오게 합니다. 판매자의 예상대로 고객의 수요가 예상보다 10% 증가하여 110개가 되어도 생산자와 공급자는 여분의 재고가 발생합니다. 더욱이 수요가 예측보다 적은 경우에 여분의 재고는 더욱 커지게 되며 공급사슬의 위쪽으로 갈수록 불필요한 재고로 인한 비효율성은 높아지게 된다고 볼 수 있습니다.

이러한 비효율성을 막기 위해서는 공급사슬 전체 관점에서 의사결정이 이루어질 수 있어야 합니다. 무엇보다 의사결정에 필요한 정보를 활용할 수 있도록 하는 것이 중요합니다. 채찍효과의 예에서 보듯 생산자 입장에서는 판매자

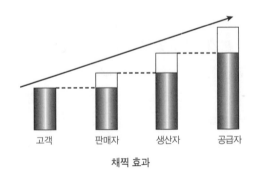

채찍 효과

가 고객의 수요를 100으로 예측한 것을 알았다면 판매자의 안전재고까지 감안한 110개의 주문에 추가로 10%의 여유분을 더하는 생산계획은 세우지 않을 것입니다.

SCM은 공급사슬 각 단계에서의 적정 재고 산정, 정보의 공유 등을 통하여 전체 공급사슬 차원의 효율화를 달성하는 것을 목표로 합니다.

무엇이 보이는가! 가시성(Visibility)

우리가 최적화 이야기를 하면서 등장시킨 내비게이션에 대해 다시 한 번 살펴보기로 하겠습니다. 요즘 자동차 운전자들은 내비게이션을 많이 사용하죠? 내비게이션이 있으면 참 편리합니다. 한 번도 안 가본 길을 갈 때도 걱정이 없습니다. 아는 길이라도 혹시 더 빠른 길은 없는지 내비게이션으로 검색해 볼 수 있습니다. 게다가 요즘에는 교통정보를 이용하여 가까운 길이 아니라 그야말로 빠른 길, 빨리 목적지에 갈 수 있는 길을 안내하는 더욱 똑똑해진 내비게이션도 나오고 있습니다. 이런 내비게이션을 이용하면 출발지에서 목적지까지의 경로와 함께 어디가 정체구간이고 그래서 어디서 우회하면 되고 예상도착시간은 언제인지 등의 정보가 한 눈에 보입니다. 참 편리하겠지요? 무작정 가다가 차가 막혀서 지루하게 기다리는 일을 피할 수 있으니 말입

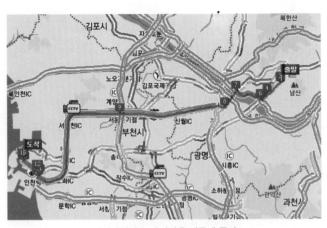
내비게이션은 가시성을 제공해 준다

니다. 차가 막히더라도 언제쯤이면 정체구간을 통과할지
알 수 있어서 덜 답답하기도 할 것입니다. 언제쯤이면 도착
할지 묻는 친구의 전화에도 정확한 예상도착시간으로 답해
줄 수 있으니 기다리는 친구도 덜 지루할 것이고 말입니다.

이 모든 것들은 바로 내비게이션이 있어서 내가 있는 곳
에서 목적지에 가기까지 관련된 정보가 보이기(visible) 때
문에 가능합니다. 공급사슬에도 이런 내비게이션이 있다면
어떨까요? 공급사슬에 관한 정보가 한 눈에 들어온다면 참
편리하겠지요? 고객의 주문은 얼마나 접수되었고, 각 창고
에 재고가 얼마나 있으며, 생산에 필요한 자원은 얼마나 확
보가 되어 있으며, 공급자로부터는 언제 얼마만큼의 자재
를 공급받아야 하는지 등의 정보를 쉽게 알 수 있다면 경영

공학의 마에스트로, 산업공학

자의 의사결정은 훨씬 수월해질 것입니다. 고객이 주문한 물건의 배송일을 문의하면 언제까지 도착할 예정이라고 답변할 수 있을 것입니다. 당연히 고객 만족도는 올라갈 것이고요.

이러한 가시성(visibility)을 제공하는 것이 공급사슬관리의 목적입니다. 경영자는 의사결정에 필요한 정보를 손쉽게 얻을 수 있어 신속하게 판단할 수 있습니다. 그렇게 함으로써 기업의 민첩성을 높여 경쟁력을 높일 수 있게 됩니다. 즉, 재고는 줄이고 고객 주문 납기일은 단축하는 것이 가능하게 됩니다. 이러한 공급사슬의 효율화는 기업의 경쟁력 향상을 위한 필수요소이며, 특히 영업망과 생산기지의 국제화로 복잡한 공급사슬을 가진 글로벌 기업에게 더욱 그러합니다.

SCM의 여러 기능들을 실제로 구현하기 위하여 여러 가지 정보시스템이 개발되어 사용되고 있으며, 보다 편리하고 다양한 기능을 제공하며 다른 정보시스템과 연계할 수 있도록 꾸준히 발전하고 있습니다.

공학의 마에스트로

산업
공학

산업공학이 정보기술과 만났을 때

아주대학교 산업정보시스템공학부 **박기진** 교수
kiejin@ajou.ac.kr

산업공학이 정보기술과 만났을 때

정보시스템 기술의 위력

지난 2009년 7월 7일 이후 총 3차례에 걸쳐 한국과 미국의 주요 정부, 금융, 포털 사이트에 대한 대대적인 분산서비스 거부공격(DDoS: Distributed Denial of Service)으로 해당 사이트의 접속 지연과 장애가 발생한 것을 기억하시는지요? 특히 악성코드와 바이러스에 감염된 대부분의 국내 좀비PC가 DDoS 공격에 악용되었으며, 하드디스크에 손상을 일으켜 정부, 기업, 개인 모두에게 막대한 피해를 끼쳤습니다. 여기서 초기에 사건을 전혀 예측하지 못하고 대응도 미숙했던 것은, 편리해진 정보시스템 기술을 누리고 사용해

왔던 것만큼 우리 사회가 정보화 기술이나 시스템에 대해 너무 몰랐고, 이에 대한 점검·보안 등의 노력이 턱없이 부족해서 예상했던 이상의 피해를 키웠다고 할 수 있습니다.

그럼 지금부터 우리가 얼마나 많은 정보시스템 기술의 편리를 누리고 있는지 알아보도록 하겠습니다. 국내 청소년 10명 중 8명은 휴대폰을 갖고 있는 것으로 조사됐습니다. KT가 GSMA(세계이동통신사협회), MSRI(모바일사회연구소)와 함께 한국, 일본, 중국, 인도, 멕시코 등 5개 국가 청소년 6,000명의 이동통신 이용 행태를 비교 조사한 결과, 한국 청소년 휴대폰 보급률이 80.6%로 최고 수준으로 밝혀졌습니다. 또한 지난 2009년 6월 스트래티지 애너리틱스(Strategy Analytics)에

서 발표한 초고속 인터넷 보급에 대한 보고서에는 한국이 95%의 보급률로 다른 선진국들을 제치고 전 세계 1위를 차지했습니다.

학생들은 휴대폰으로 친구들과 대화를 하고 인터넷을 통하여 그들만의 문화공간을 확장해 가고 있습니다. 주부는 재래시장으로 향하던 발길을 인터넷 쇼핑몰로 옮기고 있고, 가장은 회사의 모든 일을 인터넷을 통하여 처리하고 있습니다. 이러한 기술적 혜택으로부터 얻어지는 시간과 경제적 이득은 또 다른 새로운 문화를 위한 밑거름이 되고 있습니다. 이제부터는 인터넷 속에서 사는 세대와 아닌 세대, 또는 휴대폰 속에서 사는 세대와 아닌 세대로 세대 구분을 해야 할지도 모릅니다. 물론 여기서 산다는 것은 실제로 휴대폰 속에 들어가 산다는 의미가 아니라는 건 알고 있겠지요? '산다' 라고 쓰긴 했지만 여러분은 의사소통의 방법이라고 생각하기 바랍니다. 나아가 서로간 공동체적인 문화공간에서의 산다는 의미이기도 하고 말입니다. 현재 거의 모든 청소년들은 이러한 문화 환경 속에서 성장하고 있으며, 좀 오버해서 말한다면 인터넷이 삶을 지탱하는 공기, 물과 같은 존재가 되어 가고 있다고 말하고 싶습니다.

나아가 우리나라의 산업은 이러한 통신 환경에 힘입어 무선통신으로 대표되는 휴대폰에 인터넷 기술이 합해져 개인들이 향유할 수 있는 미래 통신 문화영역을 예측하기 어려울 정도로 빠르게 진화시키고 있습니다. 이러한 무선 통신 기술의 영향은 개인뿐만이 아니라 효율성을 중시하는 산업현장에서는 더욱 빠르게 확산되고 있습니다. 따라서, 과거 무선 인터넷 환경이 아니었던 산업 현장에서 사용하던 문제 해결 방식들은 시대 환경에 맞게 많은 부분에서 수정되어야 하고, 이를 관리 운용할 수 있는 정보시스템에 대한 많은 연구와 개발이 있어야 할 것입니다.

정보시스템적 사고방식의 위력

자, 그럼 이제부터 정보 통신 기술이 주는 혜택을 누리고 있는 이 시대에 제조업은 어떻게 변화될 것인지 알아보도록 하겠습니다.

IT기술이 공장을 어떻게 변화시켰을까요? 정보기술의 발달로 산업현장에서 느낄 수 있는 변화로는 인터넷을 통해 빠르고 정확한 정보 획득·가공·처리·저장·전달이 가능해져서, 앞으로 업무의 효율성은 더욱 높아질 것입니다. 이러한 현상은 지금도 은행·백화점·공공기관 등의 업무에서 흔히 볼 수 있고, 개인 입장에서 보면 이미 일반화되고 있는 공문서 관련 일이나 송금 등의 업무를 집에서 인터넷을 통해 효율적으로 처리할 수 있는 전자 정부시스템에서 알 수 있습니다. 인터넷 뱅킹서비스 시스템을 이용해본 사람이라면 충분히 실감할 수 있을 것입니다.

경제적인 측면에 있어서는 정보통신 기술을 기반으로 한 제조 생산 시스템의 생산비를 절감하고 유연성 확보도 가능해졌으며, 생산자와 소비자가 시장의 요구에 대한 신속한 대응이 가능해지는 새로운 경영기법과 제조시스템의 혁신이 이루어지고 있습니다. 또한 다양한 콘텐츠 산업, 사이버 쇼핑몰, e-러닝 등 새로운 산업과 복합적인 산업 군들이 창출되고 있지요. 조직의 의사결정과 관리를 지원하기 위해 정보를 수집하거나 처리, 저장하는 정보시스템은 의사결정을 내리고 활동을 통제하며 문제를 분석하고 제품 서비스를 생산하기 위해 필요한 정보를 만들어내고 있습니다. 이러한 활동은 정확한 입력, 신속한 처리, 효율적인 출력으로 이루어집니다. 특히 산업 현장에서 발생하는 특정 목적을 달성하기 위해 모여 있는 유기적인 조직이나 체계를 유지해야 하며, 그중에서 컴퓨터로 작업이 이루어지는 만큼 다른 무엇보다 자료에 대한 정확성, 정보 처리의 신속성, 결과 출력에 대한 효율성이 필요합니다.

여러 산업 시스템들을 구성하는 다양한 요소들을 조화롭게 조절해야 하는 시스템 통합(SI: System Integration) 기술은 고도의 정보 기술에 힘입어 지능화되는 한편, 기술적인 부분에 있어서는 더욱 정교하고 복잡해지고 있습니다. 따라서 점차 그 비중이 커지고 있는 시스템 통합 기술은 각종 하드웨어, 소프트웨어, 통신 기술에 대한 전문 지식과 시스템 전체를 조망할 수 있는 포괄적인 접근이 필요하다고 할 수 있습니다. 또한, 시스템 통합은 일반적으로 다른 기종이나 서비스 간에 호환성과 연동성을 부여하기 위하여 가장 적은 비용으로 큰 효과를 얻으려는 목적을 가지고 있습니다.

미래의 시스템 통합은 기업의 경쟁력을 강화하는 중요한 수단이 될 것이며 이를 달성하기 위한 수단으로 정보기술에 대한 이해는 한층 더 중요하게 될 것입니다. 공학에 대한 이해 없이 시스템을 관리하거나 경영하는 것은 매우 위험한 일이므로 주의할 필요가 있습니다. 점점 복잡해지는 현대 지식 산업에서는 산업의 여러 요소들 간의 연결을 정보시스템 기술에 기초하여 전체적인 관점에서 조망하는 시스템적 시각으로 보고 또 생각하는 것이 필요합니다. 이러한 공학적 바탕위에서 각각의 과학적 관리 시스템을 이해하고 통합 관리할 수 있는 산업공학 전공자의 역할은 앞으로 더욱 커질 게 분명합니다.

세기의 로맨스, 정보시스템과 산업공학 만남

그럼 지금부터 로맨틱코미디의 고전 영화 〈해리가 샐리를 만났을 때〉처럼 산업공학의 달콤쌉싸래한 로맨스를 한번 살펴보도록 하겠습니다.

　기계공학이나 건축공학처럼 역사와 전통을 자랑하는 공학계에서 산업공학은 혜성같이 나타난 신인배우의 출현과 같았습니다. 이 새롭고 미래가 촉망되는 산업공학은 첨단 정보통신 기술과의 만남으로 세기의 로맨스와 같은 엄청난 진보가 이뤄지게 되었습니다.

　정보시스템 기술은 여러 산업 현장에서 발생하는 문제들을 데이터 중심으로 받아들여 이를 컴퓨터에 의해 처리하여 인간에게 의미 있는 지식이 될 수 있도록 체계화하여 관리하는 기술입니다. 미래 산업현장에서 발생할 수 있는 여러 문제점들을 해결하기 위한 산업공학 내에서의 정보시스템을 이용한 접근 방식을 보면 크게 4가지로 나눌 수 있습니다. 첨단 정보 기술을 시스템적으로 적용한 산업 시스템 통합 관리의 다양한 예인 자동화시스템 분야, 제조시스템 분야, 휴먼시스템 분야, 관리시스템 분야 등이 바로 그것입니다.

　네? 너무 어렵고 머리 아프다고요? 보다 쉽게 설명해 볼까요? 그럼 위의 네 가지에 대해 최대한 이해하기 쉽게 설명해 보겠습니다. 집중해보길 바랍니다. 자동화시스템이란 기계의 여러 요소인 센서, 프로세서, 하드웨어, 네트워크, 액추에이터 등의 조작을 인간에 의지하지 않고 기계가 자동적으로 하도록 하는 것을 말합니다. 자동화 영역은 완전 자동화에서부터 부분적인 자동화까지 다양하게 있으며, 특히 자동화시스템의 세분화에서 자동화 개별 기기에 대한 임베디드 제어 시스템으로의 확장을 보여주고 있습니다.

제조시스템에서 정보기술이란 산업 생산 현장에서 일어날 수 있는 다양한 문제들을 시스템적으로 분석하고 설계 및 생산하는데 정보시스템 기술을 이용하여 해결해 나가고자 하는 것입니다. 제도 환경 개선을 위한 정보시스템 기술에는 좁게는 정보흐름, 정보분석, 정보관리기술로부터, 넓게는 시스템의 구현이나 정보 전략에 이르기까지 모든 제조 공학 분야의 시스템적인 관리 전반에 이른다고 할 수 있습니다.

관리시스템은 기업 내부의 복합적인 지식 관련 데이터베이스를 효율적으로 관리하고 이를 여러 구성원들과 공유하여 보다 효과적인 처리를 통하여 문제를 해결할 수 있게 발전시키는 역할을 합니다.

휴먼시스템에서 정보기술이란 인간의 편의와 안전을 위하여 기계와 컴퓨터를 인간이 편리하게 사용할 수 있도록 도와주는 시스템 환경이라 할 수 있습니다. 여기서 주목할 점은 이제부터는 정보시스템 기술이 산업 환경의 기술적인 측면뿐만 아니라 인간 행동 패러다임 자체를 바꾸어 놓고 있다는 점입니다. 정보시스템 기술이 과거와 같이 산업현장만의 문제를 단순히 비용이나 효율성 측면에서 보조하는 것이 아니라 인간이 중심이 되는 모든 산업 전체의 문제 해결을 위한 수단이라는 거시적인 해법을 찾는 것으로도 확장된다고 할 수 있습니다.

결국, 산업공학은 총체적인 관점에서 시스템을 설계하고 설치하며 좀 더 인간에 나은 방향으로 개선을 꾀하는 학문이며, 미래의 첨단 정보 기술을 이용하여 시스템 분석과 설계에 대한 충분한 지식을 바탕으로 보다 효율적이고 효과적으로, 그리고 시스템적으로 접근합니다.

녹이는 기술, 융합기술

그럼 이제부터 산업공학의 진정한 매력에 대해 탐구해 보도록 합시다. 산업공학의 매력은 녹이는 기술에 있습니다. 이름하여 융합기술! 융합시키려면 먼저 녹여야 하겠지요. 얼마나 잘 녹이느냐에 따라 자연스럽게 융합이 일어날 수 있을 것입니다. 사람과 사람, 부서와 부서, 공학과 공학 모두 잘 녹아야 조화롭게 살아갈 수 있듯이 말입니다. 그런데 산업공학이 이렇게 잘 녹이는 로맨스 가이가 된 것은 바로 앞에서 이야기한 세기의 로맨스, 즉 정보기술과 만났기 때문이라 할 수 있습니다.

우리가 사는 이 지구촌은 정보기술의 발달에 힘입어 고도 정보사회를 거쳐, 앞으로는 기술과 산업 간 융합이라는 키워드로 대변되는 융합시대로 진입할 것으로 전망하고 있습니다. 현재 다양한 융복합 서비스 산업이 속속 등장하고 있으며, 더욱이 인터넷을 통한 시간적, 공간적 제약을 벗어난 산업 활동은 전 세계적으로 그 어느 때보다 활발히 전개되고 있습니다. 또한 소프트웨어의 활용이 제조업 전반으로 확산된 고부가가치 신제품 창출에 기여함에 따라 정보기술을 매개로 한 디지털 컨버전스 시대와 함께 정보시스템의 융복합화에 따른 새로운 영역으로의 확대를 예고하고 있음은 물론입니다.

미래 산업 간 융합에서는 첨단 정보 통신 기술에 힘입어 경제 사회 산업의 여러 이슈 해결을 위해 다양한 학제들 간 이종 기술 간 결합이 더욱 정교해질 것이며, 이들은 보다 인간 친화적으로 발전할 것입니다. 융합의 종류 중에서 산업 내 융합이라 함은 IT 기술을 이용한 전자기기, 서비스, 콘텐츠 간의 융합이며, 산업간 융합은 IT와 자동차, 의료 등 관련 산업과의 융합을 말합니다. 네트워크 간 융합은 고도의 센서를 통한 사물과 사물 간의 통신을 넘어 궁극적으로 인간과 사물의 통신 융합을 의미하고, 인간과 IT의 융합에 있어서는 인간의 오감을 기기가 대체하는 인공장기, 인공지능 컴퓨터, 로봇 등과 같은 것을 나타내기도 합니다.

우리나라에서의 융합 기술 확산을 위한 핵심 기술 분야의 예를 보면 다음과 같습니다. 먼저 자율주행 등 각종 장치의 지능형 제어 고도화를 위한 정보시스템 적용기술이 핵심인 자동차 기술 분야, 또 첨단 IT기술을 적용한 선박 건조 기술과 고부가가치 선박 기자재 확보가 핵심 관건인 미래의 조선 산업 분야, 국산 고등훈련 비행기에서 사용되는 실시간 운용체제, 비행운용 정보시스템 기술개발 등에 의한 전술 및 무기체계의 지능화·정밀화가 핵심 과제인 국방 분야, 약물 스크리닝 시스템 및 가상 임상 시험 시스템과 의료영상의 동시처리 및 분석 기술이 핵심인 의료 분야, 마지막으로 다양한 유비쿼터스 서비스를 위해 첨단 IT인프라를 활용한 건설·교통산업의 u-City 서비스 지원 및 다양한 계층에 통합적인 교통서비스 제공 등에 대한 건설 분야 등이 바로 녹이는 기술, 융합기술을 필요로 하고 있습니다.

궁극적으로 기술 요소 간 유기적 결합을 통한 기술융합

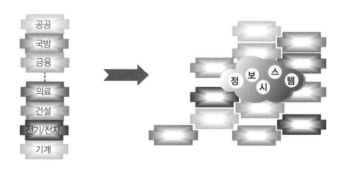

과 이를 위한 자동화 정보기술의 발달, 센서와 마이크로 컴퓨터들과 연동된 지능화된 정보기술, 일상생활의 편리성을 추구하는 다양한 서비스 실현을 위한 기술융합 등으로 현재 산업공학에서의 정보시스템의 영역은 계속적으로 변화할 것입니다. 앞으로 산업공학에서는 산업에 대한 정보시스템 기술을 이용하여 융복합화에 대한 새로운 모델을 제시해야 하며, 이러한 방향은 고정된 것이 아니라 산업과 정보기술 발전과 더불어 계속 변화해 가야 한다는 사고방식이 중요하다고 할 수 있을 것입니다. 따라서 산업공학에서 접하게 될 많은 시스템적인 사고방식은 정보기술에 대한 올바른 이해와 첨단 융합 산업현장의 복합적인 문제를 해결해 나갈 유용한 도구가 될 것이며, 이는 또 다른 새로운 기회가 될 것입니다.

미래의 인간 친화적인(Human-oriented Technology) 산업환경 구현을 위한 정보시스템

현재 전 세계 어느 나라보다 우리나라에서 일어나고 있는 정보시스템 기술에 의한 사회 변화는 빠르게 진화해 가고 있습니다. 덕분에 한국의 첨단 융합 기술은 세계가 놀랄 정도로 막강하다고 할 수 있습니다. 여기에 더불어 지금 우리나라에서는 미래 컴퓨팅 기술에 인간 친화적인 기술들을 계속적으로 첨가하고, 국가의 모든 자원을 네트워크화하여 국가 사회 시스템의 지능화를 꾀하며, 이를 국가 산업 경제 발전을 위한 초석과 국민 삶의 질 향상을 위한 기본 전제 조건으로 보고 있습니다. 산업공학에서는 이러한 미래 정보 통신 기술을 기반으로 기업과 공공, 개인이 필요로 하는 최적의 인간친화적인 정보시스템 구축 및 서비스를 효율적으로 제공하는 가치 창출 활동으로 확대 될 것입니다.

앞으로 우리 사회는 정보기술을 통해 인간의 능력을 보다 확장하고 향상시켜 안전하고, 편리하며, 즐거운 삶을 추구하고자 하는 욕구를 충족시켜 나갈 것입니다. 기술적으로는 휴머노이드 테크놀로지(Humanoid Technology)로 구현되는 인간의 정신적, 육체적 기능을 대체하는 각종 제품과 서비스의 개발이 이루어질 것입니다. 정보시스템 기술이 유선에서 무선분야로 바뀌면서 인간과 인간 간의 통신을 위주로 하는 무선통신의 개념을 넘어 인간과 사물, 사물과 사물간의 통신을 가능케 하는 방향으로 변하면서 더욱 정교하고 세분화된 정보시스템의 확산이 빠르게 전개될 것으로 확신합니다.

다시 말하면, 미래에는 고도로 지능화된 정보 기술이 여러 산업 현장에 점차로 확산되어 보다 인간 친화적인 방향으로 나아가게 될 것이며, 이러한 변화를 따라가기 위해서는 산업 현장에서 처리하게 될 다양한 시스템적인 사고와 더불어 특히 컴퓨터 자체에 대한 근원적인 이해가 필수적이라고 할 수 있습니다. 결국, 산업공학에서 접근하게 될 정보시스템적인 사고방식은 인간 친화적으로 변화된 미래 산업 환경의 여러 구성 요소들을 외부적으로 통합할 수 있는 첨단 산업시스템에 대한 학문적 접근과 각각의 산업 구성 요소들 간의 내부적인 정보 처리 과정에 대한 근본적인 이해를 바탕으로 하여 종합적으로 이루어진다고 할 수 있습니다.

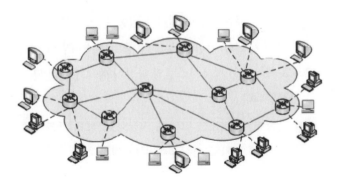

공학의 마에스트로, 산업공학

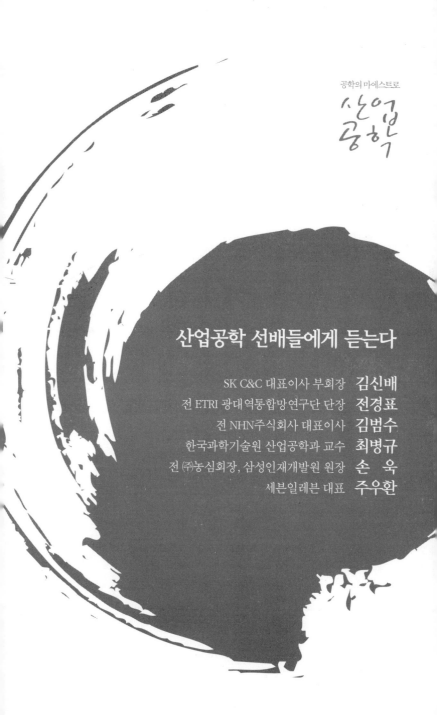

공학의 마에스트로
산업공학

산업공학 선배들에게 듣는다

SK C&C 대표이사 부회장 **김신배**
전 ETRI 광대역통합망연구단 단장 **전경표**
전 NHN주식회사 대표이사 **김범수**
한국과학기술원 산업공학과 교수 **최병규**
전 ㈜농심회장, 삼성인재개발원 원장 **손 욱**
세븐일레븐 대표 **주우환**

변화를 추구하는 인재가 될 것

김신배(SK C&C 대표이사 부회장)

산업공학도들만의 특징이 있다면 무엇인가요?

가장 중요한 특징은 두 가지 정도일 것 같아요. 첫째는 최적화에 대한 개념, 둘째는 전체를 균형 있게 보는 시각입니다. 이 둘을 서로 조화시키는 가운데 산업공학도들이 우리 사회에서 두각을 나타낼 수 있지 않았나 싶어요. 제 자신부터가 대학에서 배운 것들이 큰 힘이 되었으니까요.

최적화의 개념에 대해 보다 자세한 설명을 부탁드립니다.

제가 산업공학과에 들어가서 가장 많이 들었던 단어가 세 가지인데, 바로 최적화, 효과성, 효율성이었어요. 이 세 단어는 얼핏 보면 서로 비슷한 개념인 것 같지만, 각각의 차이는 엄염히 존재하고 있었어요. 이 세 단어들을 정확하게 구분할 줄 아는 것과 모르는 것 사이에는 엄청난 차이가 숨어 있더라구요.

왠지 거기에 엄청난 비밀이 숨어있을 것 같은 기대가 됩니다. 어떤 차이가 있습니까?

효율성이라고 하면 'doing things right'에 가까운 거예요. 어떤 과제에 대해 가장 적게 투입해서 최대량을 생산해 내는 개념이죠. 이에 비해 효과성은 'doing the right things'라 할 수 있죠. 어떤 과제가 그 목표를 달성하는 데 있어서 얼마나 유효하느냐를 말해주는 개념이죠. 최적화는 'doing the right things right' 입니다. 제대로 된 일을 제대로 하라는 것이 최적화라고 생각합니다. 이러한 개념은 IT서비스에 있어서 굉장히 중요합니다.

산업공학도들에게 해주고 싶은 말씀이 있다면?

기업을 경영하는 입장에서 미래를 예측 가능하게 보는 생각을 버리라고 말하고 싶어요. 인생은 큰 목표와 방향성을 정하고 꾸준히 노력하다 보면 어느 순간 자신이 가고자 하는 곳에 와 있을 것입니다. 여기서 중요한 것은 그 사람의 성격입니다. 생각이 바뀌면 행동이 바뀌고, 행동이 쌓이면 습관이 되고, 습관이 계속 쌓이면 성격이 될 것입니다. 어떠한 미래가 올 것인지는 지금 내 사고를, 행동을 어떻게 습관으로, 성격으로 만들어 나갈 것이냐에 달려 있다고 생각합니다.

대표적인 정보통신 기업을 경영하시면서 우리 시대에 맞는 경쟁력 있는 인재상을 제시한다면?

한국의 이동전화 보급률은 76%로 세계 1위, 초고속인터넷 보급률은 77%로 세계 2위인 IT강국이라 할 수 있습니다. 이러한 상황에서 살아남기 위해서는 변화를 어떻게 관리해야 하는가에 달려있습니다. 변화를 읽고도 잘 적응하지 못하는 부류가 있는가 하면 변화를 읽고 변화를 만들고 거기서 기회를 찾아내는 부류가 있습니다. 결국 변화를 스스로 추구하고 기회를 만들어내는 사람이 경쟁력 있는 인재라고 생각합니다.

산업공학도는 유능한 멀티플레이어

전경표(전 ETRI 광대역통합망연구단 단장)

광대역통합망 연구개발분야에서 산업공학의 역할은 무엇입니까?

광대역통합망단에서 수행하고 있는 연구개발은 국가 기술경쟁력을 높이고 차세대 정보통신 패러다임을 변혁하기 위한 종합적이고 거대한 프로젝트 성격을 가지고 있어요. 광대역통합망 연구단의 역할은 미래에 대한 비전을 세우고 기획, 설계, 시스템 구축, 기술 컨설팅 등 IT기술의 전 과정을 유기적으로 연계해 나가는 것이 필요한데, 산업공학도들은 시스템 개발과 구축을 담당하기도 하지만, 기획이나 설계 등의 여타 분야에서도 다른 전공자보다 우수한 성과를 보여주고 있습니다.

산업공학도들이 우수한 성과를 낼 수 있는 이유가 어디에 있다고 보시는지요?

일단 문제를 정의해 내는 능력이 남다르다고 보아야지요. 다른 전공자들이 자신의 전공분야에 국한된 미시적 관점에서 접근하는 데 비해 산업공학도들은 다양한 각도에서 체계적으로 문제에 접근하는 능력을 가지고 있습니다. 주어진 문제에 대한 기술적인 해결책은 관련 전문가들의 협업으로 쉽게 풀어나갈 수 있지만, 문제점 자체를 파악하고 구체화하고 솔루션 도출의 방향성을 세우는 능력은 다른 전공자들에게 기대하기가 쉽지 않습니다.

인정받는 유능한 산업공학도가 되기 위한 조언을 한다면?

다방면에 깊이 있는 지식을 갖추어야 합니다. 서너 마리 토끼를 다 잡아야 하는 입장이라 할 수 있습니다. 여러 개의 눈을 가진 멀티플레이어가 되어야 합니다. 이렇게 되기 위해서는 가능하면 세상의 많은 것에 관심을 가지고 고민하는 습관을 길러야 합니다. 다방면의 독서도 필요하고요. 업무중심의 사고에 빠지기 않기 위해서는 넓은 시야로 문제를 바라보는 것이 필요합니다.

산업공학 교육은 어떤 식으로 발전해야 할까요?

학부과정에서는 어떤 특수한 테크닉보다는 문제를 다각도로 보고 핵심이슈를 도출하며, 개선책을 모색하고 대안을 만들어내고, 비교하고 평가하고 분석하여 결론 내리는 전체적인 프로세스 교육을 하는 것이 중요하다고 봅니다. 산업공학도들이 이러한 일에 익숙해지기 위해서는 교과과정에서 항상 왜(Why)에 대한 철학적 사고를 하는 훈련을 받을 필요가 있습니다.

경영과 공학을 모두 공부한 것이 도움

김범수(전 NHN주식회사 대표이사)

산업공학과 출신 CEO의 장점은 무엇인지요?

시스템을 분석하고 이해하는 산업공학의 강점을 잘 살리려고 합니다. 기업의 CEO들은 자신의 장점을 살려 나가는 일이 중요합니다. 특히 IT산업분야는 빠른 변화에 대처하는 능력에서 사업의 성패가 결정됩니다. 산업공학을 배우면서 형성된 넓은 시야로 변화에 빠르게 대처할 수 있다는 점을 들고 싶습니다.

이공계 출신을 기피하는 현상에 대해 어떻게 보십니까?

IT강국이라는 한국에서 그러한 현상은 아쉬울 따름입니다. 그렇지만 산업공학은 학교에서 경영과 공학을 함께 배웠기 때문에 환영을 받고 있습니다. 솔직히 말해서 학부때 들었던 경영학 수업을 잘 이해하지 못했는데 막상 현장에 있으니까 그때 배웠던 내용들이 많은 도움이 되고 있습니다. 공학도들도 순수 공학만 공부하기보다는 산업에서 직접 활용되고 응용되는 다른 학문들에 대한 지식을 쌓는 것이 중요하다고 생각합니다.

선배님이 인재를 채용한다면 어떤 능력의 사람을 뽑을 생각입니까?

저는 공대출신을 선호하는 편입니다. 그렇지만 자신이 원하는 분야에 대한 지식이나 경험이 없으면 채용하기가 힘듭니다. 학문과 경험을 연결시켜 변화에 대한 대처를 유연하게 할 줄 아는 인재가 회사 발전에 도움이 된다고 봅니다. 산업공학은 이러한 면에서 강점을 가진 학문이라고 생각합니다.

글로벌 사회에서 한국 게임업계의 지위는 어느 정도입니까?

현재 게임산업은 아케이드 게임, 피시게임, 온라인 게임으로 나눌 수 있는데, 아케이드 게임은 일본, 피시게임은 미국, 온라인 게임은 한국이 앞서나가고 있습니다. 그 중에서 가장 큰 시장은 전체 게임시장의 50%를 차지하는 아케이드 게임입니다. 국내의 아케이드 게임의 경쟁력이 거의 없다는 점에서 불균형이 심화되어 있다고 할 수 있겠지요. 그렇지만, 한국의 온라인 게임은 중국 온라인 게임시장의 70%를 점유하고 있고, 국내 매출은 영화산업을 넘어선 상태입니다. 앞으로도 온라인 게임시장은 성장 중에 있으므로 전망은 밝다고 하겠습니다.

공학의 마에스트로, 산업공학

기업관리의 새로운 패러다임을 도출

최병규(한국과학기술원 산업공학과 교수)

산업공학의 매력은 무엇입니까?

산업공학은 공학의 한 분야이긴 하지만, 공학도 알아야 하고, 경영도 알아야 하는 매력있는 학문이라 할 수 있습니다. 오늘날과 같은 글로벌 정보화 사회에서 도전해 볼 가치가 있는 매우 중요한 학문 중 하나라고 생각합니다. 21세기를 앞장서서 가고 싶은 청소년이라면 산업공학도가 되어 보라고 적극 권하고 싶습니다.

오늘날 기업에서 산업공학의 역할을 말씀해 주십시오.

오늘날 기업의 관리기술은 정보기술과 산업공학의 접목을 통해 계속해서 새로운 패러다임을 만들어 나가고 있습니다. 6시그마, 공급사슬관리, 전사적 자원관리, 지식경영 등 산업공학의 주요 분야들이 기업의 목표달성과 효율성, 최적화를 달성하는 데 크게 기여하고 있습니다. 기업이 경쟁력을 갖추기 위해서는 지속적으로 새로운 관리 패러다임을 흡수하고 체화해야 하는데, 이를 위해서는 고도로 훈련된 산업공학도들의 힘이 필요합니다.

아무리 산업공학이 유망해도 적성에 맞아야 할 것 같습니다.

최고경영자나 최고지도자, 컨설턴트, 최고기술경영자 등의 위치에 오르기 위해서는 폭넓은 시야를 가지고 멀리 볼 수 있는 눈이 필요합니다. 따라서 정해진 답이 없는 새로운 문제를 해결하기 위해서는 도전 정신을 가진 사람이 필요합니다. 동시에 새로운 문제를 해결하기 위해서는 중간에서 조정하는 역할이 필요하므로 나무와 숲을 동시에 볼 수 있는 창조적이고 종합적인 마인드를 가진 사람에게 아주 적합한 분야라 할 수 있겠죠.

산업공학의 미래는 어떻게 보시는지요.

지금은 경영자는 경영만, 기술자는 기술만 알면 되지만, 앞으로는 경영과 기술을 결합해낼 수 있는 새로운 패러다임을 요구받을 것입니다. 따라서 공학을 알고 경영을 아는 인재들의 활동이 두드러질 것으로 보입니다. 산업공학도들은 이러한 각각의 요소들을 최적으로 설계하고 관리하고 지휘하는 역할을 할 것이라고 생각합니다.

산업공학도가 사회의 경쟁력을 높인다

손욱(전 ㈜농심회장, 삼성인재개발원 원장)

삼성전자와 산업공학과의 인연에 대해 말씀해 주십시오.

삼성전자는 한국 기업 최초로 산업공학 팀을 구성했습니다. 1994년 부터 본격적으로 팀을 만들고 산업공학과 관련된 일을 수행하기 시작했습니다. 삼성전자의 ERP도입, 삼성SDI의 프로세스 혁신, 6시그마 도입 등 삼성이 경영의 첨단기법을 도입하는 데 있어서 산업공학의 도움을 많이 받았습니다.

산업공학과 출신들만의 특징이 있다면?

산업공학도들의 시스템적인 안목, 나무보다 숲을 볼 줄 아는 안목이 우리 사회에서 크게 인정받고 있습니다. 산업공학과 출신들은 기본적으로 상황을 분석하고 어떠한 모델을 만들어서 그것을 통해 좋은 결과를 내려는 경향, 즉 분석하는 것에 상당히 훈련되어 있습니다. 그때문에 판단이나 행동을 할 때도 과학적이고 공학적 근거를 바탕에 두고 있습니다. 최근 기업들이 시스템적 측면의 최적화에 대한 기반이 쌓이면서 산업공학에 대한 수요는 더욱 늘어날 것으로 보입니다.

산업공학의 가치는 어디에 있다고 보시는지요?

앞에서도 말했듯이 전체를 보는 눈, 시스템적 사고가 체화되어야 합니다. 우리 사회는 아직 그런 측면에서 가야할 길이 멉니다. 동북아 물류허브를 구축한다지만, 세계 최고의 물류비용을 기록하고 있는 상황에서 세계적인 물류 허브를 추구한다는 것은 아이러니합니다. 이는 시스템적 사고로 접근하지 않았기 때문에 일어나는 현상입니다. 이처럼 시스템적 사고를 하기 위해서는 오랜 시간 훈련된 산업공학자들만이 가능합니다.

앞으로 산업공학은 어떤 방향으로 발전해 나갈까요?

새로운 패러다임의 개발로 효율성과 생산성 향상을 통해 기업의 가치를 높이려는 중요한 역할을 해야 할 것입니다. 또 빠른 변화에 대처할 수 있는 변화관리의 측면도 산업공학의 숙제라 할 것입니다. 또한 제조업뿐만 아니라 서비스업이나 공적부문에서도 산업공학이 빨리 자리잡아야 할 것입니다. 앞으로 우리 사회가 더욱 효율적이고 최적화 시스템을 구축하는 데 있어서 산업공학도들의 많은 활약이 있기를 기대합니다.

현실적인 산업 문제의 해결사

주우환(세븐일레븐 대표)

현재 세븐일레븐에서 산업공학 전공자들이 어떤 업무에 종사하고 있습니까?

(주) 코리아세븐은 편의점 형태의 대표적인 Retail 유통 기업입니다. 일반적인 제조 기업들과 유통 기업의 업무 프로세스는 차이가 있는데, 이에 따라서 산업 공학 전공자들이 일하는 영역도 많은 차이가 납니다. 일반 제조 기업의 경우에는 '생산, R&D' 라는 큰 영역 대신, 유통 기업의 경우는 상품을 기획하고 소싱해서 판매하는 '머천다이징' 이라는 영역이 존재합니다. 그리고 점포들을 통한 판매망의 구축과 물류 관리 등이 제조기업보다 더 세밀하고 복잡하다고 할 수 있습니다.

과거에는 제조 기업 위주로 산업공학 전공자들이 진출하는 경우가 대부분이었는데, 요즈음에는 산업공학이 해결하고, 응용할 수 있는 부분이 점차 확대되어서, 코리아세븐과 같은 유통 기업에서도 산업공학 전공자들이 활발하게 전공을 살려 큰 역할들을 하고 있습니다. 산업공학 전공자의 업무 영역은 머천다이징, 재고/물류 관리, 점포 개발의 핵심 업무 등 다방면으로 존재하며, 각 영역에서 주로 운영 성과 및 현상 분석, 업무 개선에 대한 방안 개발, 수리적이고 논리적인 접근을 통한 문제 해결과 대책 설계를 담당하고 있습니다. 예를 들어, '점포 진출 타당성을 타진하기 위한 성과 예측 모델의 개발/운영', '상품 실적에 대한 다양한 통계적 집계와 해석', '점포에 고객

결품을 최소화하고 재고를 줄일 수 있는 주문 '방법의 운영' 등이 실제 수행되고 있는 대표적인 산업공학 전공자의 임무입니다. 종합하면, 산업공학 전공자들은 모든 핵심 업무 영역에 걸쳐 경영에 필요한 의사 결정 과정에서 보다 세밀한 분석과 기획 업무를 주로 수행하고 있다고 말씀드릴 수 있겠습니다.

산업공학 전공의 강점은 무엇이라고 보십니까?

학문의 이름에서도 알 수 있듯이 그 근원이 'Industry' 라는 점입니다. 매우 practical한 학문이라고 볼 수 있겠습니다. 현대의 '실학' 이라고 할 수 있습니다.

첫 번째 강점이 매우 '현실적, 실용적' 이라면, 두 번째 강점은 실제 기업 운영에 있어서 적용할 수 있는 분야가 '다양' 하다는 점입니다.

산업 공학 전공이 전공자에게 부여하는 통계적 능력, 수리적 분석력, 모델링 방법들, 시스템에 대한 설계 능력, 경제성에 대한 해석 능력들은 다양한 산업계의 비즈니스 문제들을 접근할 때에 강력한 TOOL로써 기능하게 됩니다.

요즈음의 비즈니스 문제들은 그 양상이 매우 복잡합니다. 한 문제를 해결하기 위해 다양한 문제해결 능력이 필요하기 때문에 이러한 접근들을 한꺼번에 소화할 수 있는 산업공학도의 industry에서의 활약은 두드러질 수 밖에 없습니다.

특히, 현대의 기업 운영의 추세가 과거 직감과 경험에 의한 의사 판단에서 정확한 데이터에 기반한 과학적인 판단과 운영으로 변모하고 있는 점을 볼 때, 현실의 문제를 과학적인 모델로 풀어서 문제에 접근할 수 있는 산업공학 전공자의 능력이 더욱 필요하다 할 수 있습니다. 특히 우리 전공자만이 가질 수 있는 시스템적인 사고가 우리의 강점이라고 생각합니다.

산업공학을 공부하는 이들에게 해주고 싶은 말씀을 부탁드립니다.

첫째로, 산업공학도로써의 자부심을 가지시기 바랍니다.

여러 전공의 학생들이 산업계에서 열심히 일하지만, 앞서 말씀 드렸듯이 산업공학이 가지는 고유의 강점들 때문에 각 기업들에 있어 다재 다능한 인적 자원으로 인정받고 커나갈 기회들이 많습니다. 또한 연구를 계속하여 학자를 꿈꾸는 산업공학도에 있어서도 '현실적인 산업 문제의 해결사' 들을 키워낼 수 있는 학문적 기틀을 쌓는다는 자부심을 가져주시기 바랍니다.

둘째로, 응용력이 중요합니다.

학교에서 배우는 기술들을 다양한 방면들에 적용시킬 수 있는 다양한 경험들이 필요합니다. 학교에서 수행하는 과제, 프로젝트, 산학 협력 주제, 인턴십 등 다양한 실제 문제에 대한 해결 기회들에 대해 적극적으로 임하시기 바랍니다. 학문적인 틀 속에 매여 있던 시야를 넓혀 문제 해결 능력, 시스템적인 사고를 더욱 유연하게 가다듬을 수 있을 것입니다.

셋째는 어학에 대한 준비입니다.

산업계는 요즈음들어 글로벌화의 바람이 매우 거세게 일고 있습니다. 세계 초일류 기업들은 물론이고 국내 유수의 기업들도 해외 사업들을 활발하게 전개하고 있습니다. 산업공학도의 재능이 펼쳐질 무대를 우리나라로만 한정한다면 그 다재다능함이 너무 아쉽지 않을까요. 언어에 대한 장벽을 넘어서 여러분의 등에 날개를 다시기 바랍니다.

공학의 마에스트로
산업
공학

산업공학도의 사회활동

취업분야 및 연봉

학생들이 산업공학 관련학과를 졸업하면 어디서 무슨 일을 하는지 궁금할 것입니다. 또한, 학생들이 전공이나 진로를 선택할 때 취업분야와 연봉과 같은 정량적인 지표를 보고 결정하기도 합니다. 따라서 산업공학도들의 취업분야와 연봉을 알아보기 위해 설문을 실시하여 분석한 결과, 업종의 경우, 제조업(44.3%)과 정보통신업(24.3%)에 종사하는 응답자가 대다수를 차지하고 있었습니다. 그리고 기타 업종 (13.2%)에는 SI 업체 등과 같은 IT 컨설팅업이나 서비스업, 무역업 등이 포함되어 있습니다. 직장 규모 및 유형의 경우, 대기업(46.5%)과 중소기업(22.3%)에서 재직 중인 응답

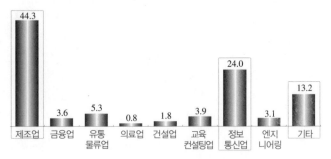

응답자의 직업적 특성 – 업종

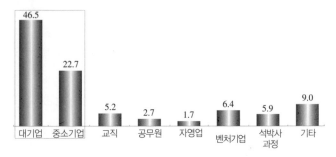

응답자의 직장 규모 및 유형

자가 가장 많았다고, 기타(9.0%)로서 국가출연연구소, 외국계 기업 등에 재직 중이라는 응답자도 있었습니다.

다음 두 개의 표는 실제 서울 소재 A대학과 지방 소재 B대학의 산업공학과 졸업생 진로현황을 나타내고 있습니다.

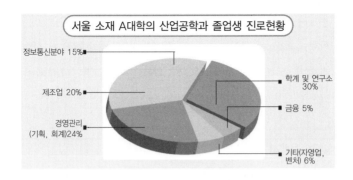

서울 소재 A대학의 산업공학과 졸업생 진로현황

정보통신분야 15%

제조업 20%

경영관리
(기획, 회계)24%

학계 및 연구소
30%

금융 5%

기타(자영업,
벤처) 6%

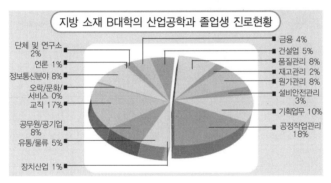

지방 소재 B대학의 산업공학과 졸업생 진로현황

단체 및 연구소
2%
언론 1%
정보통신분야 8%
오락/문화/
서비스 0%
교직 17%
공무원/공기업
8%
유통/물류 5%
장치산업 1%

금융 4%
건설업 5%
품질관리 8%
재고관리 2%
원가관리 8%
설비안전관리
3%
기획업무 10%
공정작업관리
18%

산업공학에서 배우는 것들

경영과학

◈ 개요

생산, 물류, 사회, 교통, 컴퓨터 등의 시스템으로 구성된 체계의 설계 및 운용에서 나타나는 의사결정문제들에 대해 최적의 의사결정을 내리는 과학적이고 분석적인 기법을 경영과학이라고 합니다.

◈ 교육내용

선형계획법, 네트워크모형, 정수계획법, 목표계획법, 비선형
계획법, 동적계획법, 게임이론, 마코브사슬, 대기행렬이론,
의사결정분석, 시뮬레이션, 금융공학 등을 배우게 됩니다.

◈ 적용분야

생산, 물류, 금융, 전투모형, 서비스산업, 교통체계, 정보시
스템, 공공부문, 환경, 자원관리 등에 적용할 수 있습니다.

생산관리

◈ 개요

제품이나 서비스를 생산하는 생산시스템의 설계와 운영 및
개선에 관한 내용을 다루는 학문으로 공정계획, 생산계획,
생산일정계획, 재고계획, 수송계획, 물류계획의 수립과 실
행 및 생산통제 기능을 수행하는 데 있어서 필요한 제반지
식에 대한 전공분야입니다.

◈ 교육내용

생산계획 및 통제, 공장자동화론, 공장생산관리, 공장자동
화, 자재관리 및 계획, 재고이론, 일정계획론, 작업관리 및
실험, 시설계획 및 배치, 생산시스템 공학, SCM (Supply

Chain Management), 생산전략, 서비스운영관리, 시뮬레이션 등을 배우게 됩니다.

◈ 적용분야

제조, 생산, 물류, 서비스산업, 창고산업, 유통산업, 수송 및 교통, 생산성 혁신, 정보시스템 등에 적용합니다.

제조공학

◈ 개요

정보집약적 제조환경에서 생산수단의 효율적 활용을 통한 기업의 경쟁력을 제고시킬 수 있도록 공학적 지식과 IT 기술을 응용한 전공분야로 업무 프로세스의 분석 및 설계, 생산도구들의 효율적인 개발 및 활용, 공정지식습득 및 알고리즘의 개발 등에 대한 기법들을 제조공학이라 합니다.

◈ 교육내용

제조시스템설계, 설계정보시스템, 제조정보시스템, CAD/CAM, 제조시스템 모델링 및 업무혁신, 제조공정 및 자동화시스템, 제조공학설계, 동시공학, 유연생산시스템, 제품개발 및 정보관리, 제조프로세스혁신, 로봇공학 등을 배우게 됩니다.

◈ 적용분야

설계, 제조, 생산, 정보관리, ERP, MES, 공장자동화 등에 활용합니다.

품질공학

◈ 개요

제품의 개발 및 생산에 관련된 품질문제들을 기술적인 관점에서 접근하여 고객의 요구를 만족시키고 지속적인 품질향상을 달성하는 시스템적 체계에 관한 전공분야입니다.

◈ 교육내용

통계학, 품질공학, 품질경영, 신뢰성공학, 통계적 공정관리, 품질경영정보시스템, six-시그마, 회귀분석, 실험계획, 통계응용, 서비스품질공학/경영, 지능형 품질관리, 수명시험 및 분석, 품질예측 기법 등을 배우게 됩니다.

◈ 적용분야

품질기획, 설계, 구매, 생산, 검사, 출하, 서비스 분야 등에 적용할 수 있습니다.

공학의 마에스트로, 산업공학

정보시스템

◈ 개요

정보기술을 이용하여 과학적 방법으로 시스템을 체계적으로 관리하여 생산성을 향상시키기 위한 지식에 관한 전공분야로 데이터의 효율적 통합관리, 비즈니스 프로세스 최적화, 데이터의 가공 및 정보제공, 정보시스템 개발 및 운영, 효율화 등에 관한 전공분야입니다.

◈ 교육내용

프로그래밍 언어, 인터넷과 산업정보공학, 프로세스공학, 데이터베이스, 산업정보구조 및 응용, 산업정보실무, ERP, 전자상거래, E-SCM, E-비즈니스 정보설계론, 의사결정 시스템, 정보시스템 개발 기법들을 배우게 됩니다.

◈ 적용분야

E-비즈니스, 정보시스템관리, 제조시스템관리, 서비스시스템관리, 시스템개발 분야 등에 적용시킬 수 있습니다.

인간공학

사람과 사람이 사용하는 시스템을 대상으로 하는 학문으로 사람의 특성, 한계, 능력에 대한 연구를 통해 사람이 안전하고 손쉽게 사용할 수 있고 마음에 드는 제품, 장비, 작업장 등을 설계하고 평가하는 학문입니다.

◆ 교육내용
작업관리, 인간공학, 감성공학, 안전관리, 인간성능, 인체역학, 작업생리학, 안전공학, 제품개발공학, 실험방법론, HCI (Human Computer Interface), UI (Usef Interface) 등과 관련된 기법들을 배우게 됩니다.

◆ 적용분야
제품설계 및 디자인, 공장설계, 작업관리, 소프트웨어 분야 등에 적용합니다.

국내 대학 산업공학 관련학과 정보

학교명	가천대학교
학부 및 학과명	산업경영공학과
홈페이지	http://www.gachon.ac.kr/major/engineering/06/
전화번호	031-750-5374
학교명	강남대학교
학부 및 학과명	산업데이터사이언스학부
홈페이지	http://ie.kangnam.ac.kr/
전화번호	031-280-3933
학교명	강릉원주대학교
학부 및 학과명	산업경영공학과
홈페이지	https://ie.gwnu.ac.kr/html/main.php
전화번호	033-640-2370
학교명	강원대학교 삼척캠퍼스
학부 및 학과명	산업경영공학과
홈페이지	http://knu.kangwon.ac.kr/ime
전화번호	033-570-6580
학교명	강원대학교 춘천캠퍼스
학부 및 학과명	시스템경영공학과
홈페이지	http://sme.kangwon.ac.kr/
전화번호	033-250-6280
학교명	건국대학교
학부 및 학과명	산업공학과
홈페이지	http://kies.konkuk.ac.kr/
전화번호	02-450-3525

(계속)

학교명	**경기대학교**
학부 및 학과명	산업경영공학과
홈페이지	http://www.kyonggi.ac.kr/KyonggiTpSrv.
전화번호	031-249-9759
학교명	**경상대학교**
학부 및 학과명	산업시스템공학부
홈페이지	http://ise.gnu.ac.kr/isehome/main.do
전화번호	055-772-1690
학교명	**경성대학교**
학부 및 학과명	산업경영공학과
홈페이지	http://cms2.ks.ac.kr/inme/main.do
전화번호	051-663-4720
학교명	**경희대학교**
학부 및 학과명	산업경영공학과
홈페이지	http://ie.khu.ac.kr
전화번호	031-201-2552
학교명	**계명대학교**
학부 및 학과명	경영공학과
홈페이지	http://newcms.kmu.ac.kr/ims/index.do
전화번호	053-580-5818
학교명	**고려대학교**
학부 및 학과명	산업경영공학부
홈페이지	http://ie.korea.ac.kr/
전화번호	02-3290-3380

(계속)

공학의 마에스트로, 산업공학

학교명	**공주대학교**
학부 및 학과명	산업시스템공학과
홈페이지	http://ie.kongju.ac.kr/
전화번호	041-850-0590
학교명	**금오공과대학교**
학부 및 학과명	산업공학부
홈페이지	http://ie.kumoh.ac.kr/main.do
전화번호	054-478-7650
학교명	**남서울대학교**
학부 및 학과명	산업경영공학과
홈페이지	http://ie.nsu.ac.kr/
전화번호	041-580-2200
학교명	**단국대학교**
학부 및 학과명	산업공학과
홈페이지	http://hompy.dankook.ac.kr/ind/
전화번호	041-550-3570
학교명	**대구대학교**
학부 및 학과명	산업경영공학과
홈페이지	http://ise.daegu.ac.kr
전화번호	053-850-6540
학교명	**대진대학교**
학부 및 학과명	산업공학과
홈페이지	http://ie.daejin.ac.kr/
전화번호	031-539-2000

(계속)

학교명	**동국대학교**
학부 및 학과명	산업시스템공학과
홈페이지	http://ise.dongguk.edu/
전화번호	02-2260-8743

학교명	**동서대학교**
학부 및 학과명	메카트로닉스융합공학부
홈페이지	http://uni.dongseo.ac.kr/mech/
전화번호	051-320-1750

학교명	**동아대학교**
학부 및 학과명	산업경영공학과
홈페이지	http://ie.donga.ac.kr/
전화번호	051-200-7686

학교명	**동의대학교**
학부 및 학과명	산업경영공학과
홈페이지	http://ie.deu.ac.kr
전화번호	051-890-1652

학교명	**명지대학교**
학부 및 학과명	산업경영공학과
홈페이지	http://ie.mju.ac.kr/
전화번호	031-330-6954

학교명	**부경대학교**
학부 및 학과명	시스템경영공학부
홈페이지	http://sme.pknu.ac.kr/
전화번호	051-629-6475

(계속)

학교명	**부산대학교**
학부 및 학과명	산업공학과
홈페이지	http://www.ie.pusan.ac.kr/
전화번호	051-510-1435
학교명	**서경대학교**
학부 및 학과명	산업경영시스템공학과
홈페이지	http://ie.skuniv.ac.kr/
전화번호	02-940-7144
학교명	**서울과학기술대학교**
학부 및 학과명	글로벌융합산업공학과
홈페이지	http://iise.seoultech.ac.kr
전화번호	02-970-6465
학교명	**서울대학교**
학부 및 학과명	산업공학과
홈페이지	http://ie.snu.ac.kr/
전화번호	02-880-7172
학교명	**선문대학교**
학부 및 학과명	산업경영공학과
홈페이지	http://ie.sunmoon.ac.kr/2017/
전화번호	041-530-2317
학교명	**성결대학교**
학부 및 학과명	산업경영공학부
홈페이지	http://ime.sungkyul.ac.kr/
전화번호	031-467-8059

(계속)

학교명	**성균관대학교**
학부 및 학과명	시스템경영공학과
홈페이지	http://iesys.skku.ac.kr/
전화번호	031-290-7590
학교명	**수원대학교**
학부 및 학과명	산업공학과
홈페이지	http://www.suwon.ac.kr/views/university/college/engineering/8.html
전화번호	031-220-2525
학교명	**숭실대학교**
학부 및 학과명	산업정보시스템공학과
홈페이지	http://iise.ssu.ac.kr
전화번호	02-820-0690
학교명	**아주대학교**
학부 및 학과명	산업공학과
홈페이지	http://ie.ajou.ac.kr/
전화번호	031-219-2335
학교명	**연세대학교**
학부 및 학과명	산업공학과
홈페이지	http://ie.yonsei.ac.kr/
전화번호	02-2123-4010
학교명	**울산대학교**
학부 및 학과명	산업경영공학부
홈페이지	http://ie.ulsan.ac.kr/
전화번호	052-259-2171

(계속)

학교명	**인제대학교**
학부 및 학과명	산업경영공학과
홈페이지	http://ie.inje.ac.kr
전화번호	055-320-3632
학교명	**인천대학교**
학부 및 학과명	산업경영공학과
홈페이지	http://ime.inu.ac.kr/user/indexMain.do?siteId=ime
전화번호	032-835-8480
학교명	**인하대학교**
학부 및 학과명	산업경영공학과
홈페이지	http://dept.inha.ac.kr/user/indexMain.do?siteId=ie
전화번호	032-860-7360
학교명	**전남대학교**
학부 및 학과명	산업공학과
홈페이지	http://ie.jnu.ac.kr
전화번호	062-530-1780
학교명	**전북대학교**
학부 및 학과명	산업정보시스템공학과
홈페이지	http://ise.jbnu.ac.kr
전화번호	063-270-2327
학교명	**전주대학교**
학부 및 학과명	산업공학과
홈페이지	www.jj.ac.kr/ie
전화번호	063-220-2374

(계속)

학교명	**조선대학교**
학부 및 학과명	산업공학과
홈페이지	http://www.chosun.ac.kr/user/indexMain.do?siteId=ie
전화번호	062-230-7128
학교명	**창원대학교**
학부 및 학과명	산업시스템공학과
홈페이지	http://portal.changwon.ac.kr/home/ie
전화번호	055-213-3720
학교명	**청주대학교**
학부 및 학과명	산업공학과
홈페이지	http://www.cju.ac.kr/indestrial/index.do
전화번호	043-229-8516
학교명	**포항공과대학교**
학부 및 학과명	산업경영공학과
홈페이지	http://ime.postech.ac.kr/
전화번호	054-279-2717
학교명	**한국과학기술원**
학부 및 학과명	산업및시스템공학과
홈페이지	http://ie.kaist.ac.kr/
전화번호	042-350-3102
학교명	**한국교통대학교**
학부 및 학과명	산업경영공학과
홈페이지	http://www.ut.ac.kr/imse/sub02_01_01.do
전화번호	043-841-5301

(계속)

학교명	한국외국어대학교
학부 및 학과명	산업경영공학과
홈페이지	http://ime.hufs.ac.kr
전화번호	031-330-4093
학교명	한남대학교
학부 및 학과명	산업경영공학과
홈페이지	http://www.hannam.ac.kr/educate/
전화번호	042-629-7989
학교명	한라대학교
학부 및 학과명	산업경영공학과
홈페이지	http://iehalla99.halla.ac.kr/
전화번호	033-760-1292
학교명	한밭대학교
학부 및 학과명	산업경영공학과
홈페이지	http://newclass.hanbat.ac.kr/ctnt/doie
전화번호	042-821-1224
학교명	한성대학교
학부 및 학과명	산업경영공학과
홈페이지	http://hansung.ac.kr/web/ie
전화번호	02-760-4127
학교명	한양대학교
학부 및 학과명	산업공학과
홈페이지	http://ie.hanyang.ac.kr/
전화번호	02-2220-0470

(계속)

학교명	**한양대학교(ERICA캠퍼스)**
학부 및 학과명	산업경영공학과
홈페이지	http://ime.hanyang.ac.kr
전화번호	031-400-5260
학교명	**홍익대학교**
학부 및 학과명	산업공학과
홈페이지	http://ie.hongik.ac.kr/
전화번호	02-320-1132

지역	대학교명(학과명)	학과수
충청	공주대(산업시스템공학과), 남서울대(산업경영공학과), 단국대(산업공학과), 청주대(산업공학과), 선문대(산업경영공학과), 한국교통대(산업경영공학과), 한국과학기술원(산업및시스템공학과), 한남대(산업경영공학과), 한밭대(산업경영공학과)	9개
호남	전남대(산업공학과), 전북대(산업정보시스템공학과), 조선대(산업공학과)	3개
부산경남	경성대(산업경영전공), 경상대(산업시스템공학부), 동아대(산업경영공학과), 동의대(산업경영공학과), 부경대(시스템경영공학부), 부산대(산업공학과), 인제대(산업경영공학과), 울산대(산업경영공학부), 창원대(산업시스템공학과)	9개
대구경북	계명대(경영공학과), 금오공과대(산업공학부), 대구대(산업경영공학과), 포항공과대(산업경영공학과)	4개
합계		총54개